電磁気学演習

田村忠久 著

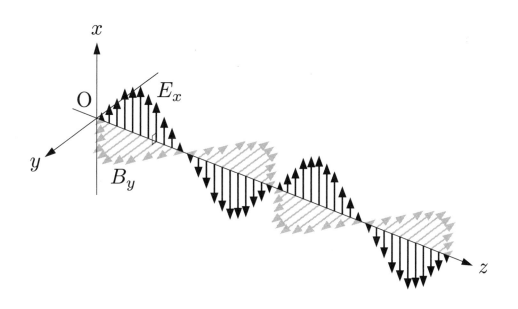

学術図書出版社

はじめに

　本書は，筆者が大学の工学部初学年の学生向けに行っている物理学(電磁気学)の講義で配っていた自習プリントをまとめて，さらに内容を追加したものである．従って，既に講義を受けた学生が本書を使用することを想定している．ゼロからの自習ではなく，講義の復習に役立てていただきたい．

　筆者の担当する講義では，大学入学試験で物理を選択しなかったり，高校においてそもそも物理を履修しなかった学生も含まれている．そこで，本書で筆者が心掛けたのは，

1. 1つの問題を細かく小問に分ける．
2. できるだけ少数の例題を扱う．
3. その代わり，解答例ではできるだけ丁寧な解説を行う．
4. 問題にはできるだけ図を付けない．

の点である．

　初学者にとって問題を一気に解くのはかなり難しい．そこで，1. のように小問に分けることによって，問題を解く道筋を誘導している．つまり，問題を解く流れが問題自身に示されていることになる．最終的にはその解法の流れも身に付けて，小問がなくても最後の答までたどり着けるようになってほしい．

　講義では毎回アンケートをとっているが，2. に関して「もっと多くの例題を解きたい」という要望が出る．もっともである．多数の問題を解きながら，いろいろな角度から考えているうちに本質が見えてくる．だから，本書の問題を解いたら，時間の許す限り別の本で問題を解いてみよう(例えば図書館にいくらでも演習書はあるはずだ)．

　ところが，工学部の学生は「実習のレポートを書かなければならない」，「他の授業でも課題が出されている」といった状況で，物理だけに時間を割くわけにはいかないというのも実状である．そこで，本書による復習を行うことで，できるだけ本質に近づけるような解説を心掛けた．実力をつけるにはやはり多くの問題にあたることだが，他の教科書本では，解答例の説明が簡単すぎて式変形がわからないところがあったり，答のみだったりする場合が多々見受けられる．そこで，3. にこだわって本書を書いたつもりである．多くの問題にあたる前に，はじめは本書の丁寧な(くどい?)解説を読んでじっくり理解してほしいと思う．

　できれば本書の問題は二度以上解いてみてほしい．まず，できるところまで解いてみる．そして，できなかったところを解答例を見て理解した後に，もう一度解いてみる．このとき途中でつかえたら，実はまだ理解できていないのである(本質にまだ到達していない)．その場合

は，再度解答例を見てみる．そしてまた解いてみる．それを繰り返し，解答例を見なくても最後まで解けるようになったら，もしかしたら多くの問題を解くよりも理解が深まっているかもしれない．

　アンケートでは4.についても「図がないと，問題の意味がわからない」という意見がよく出る．これも，もっともである．では，なぜ図を付けないか？たしかに文章だけで問題の意味を理解するのは苦痛だと思います．なぜ苦痛なのか？それはいろいろと考えなければならないからです．考えてください．問題文の意味する図を想像してください．想像力．これを養ってください．でも，もしかしたら，問題文が悪文なのかもしれないので，どうしてもわからないときは解答例に示してある図をそっと見てください．

　　　　　　　　　　　　　　　　　　　　　　それでは，頑張ってください．

目　次

第 1 章　　電気力 (クーロン力)　　　　　　　　　　　　　1

第 2 章　　電場 (点電荷)　　　　　　　　　　　　　　　　8

第 3 章　　電場 (連続分布電荷)　　　　　　　　　　　　　16

第 4 章　　電場 (ガウスの法則)　　　　　　　　　　　　　26

第 5 章　　静電位 (静電ポテンシャル)　　　　　　　　　　33

第 6 章　　コンデンサー　　　　　　　　　　　　　　　　41

第 7 章　　誘電体　　　　　　　　　　　　　　　　　　　53

第 8 章　　電流　　　　　　　　　　　　　　　　　　　　64

第 9 章　　回路 (キルヒホッフの法則)　　　　　　　　　　71

第 10 章　　磁場 (ビオ・サバールの法則)　　　　　　　　80

第 11 章　　磁場 (アンペールの法則)　　　　　　　　　　90

第 12 章　　ローレンツの力とアンペールの力　　　　　　100

第 13 章　　電磁誘導 (ファラデーの法則)　　　　　　　　108

第 14 章　　自己誘導　　　　　　　　　　　　　　　　　122

第 15 章　　磁性体　　　　　　　　　　　　　　　　　　130

第 16 章　　電磁波　　　　　　　　　　　　　　　　　　139

第1章

電気力 (クーロン力)

この章の記号や条件等の説明

• $\vec{A}, \vec{a}, \vec{x}, \boldsymbol{A}, \boldsymbol{a}, \boldsymbol{x}$	ベクトルは矢印や太字 (黒板では二重線) で表されるが,本書では矢印表記を用いる.
• q, q_0, q_i, Q, Q_0, Q_i	電荷 (電気量).
• $\vec{x} = (x, y, z)$	場所を表すベクトル.
• $\vec{F}(\vec{x}) = (F_x, F_y, F_z)$	場所 $\vec{x}$ での力のベクトル.
$\quad = (F_x(\vec{x}), F_y(\vec{x}), F_z(\vec{x}))$	(ちょっとややこしいけど) 詳しく書いてみた.
$\quad = (F_x(x,y,z), F_y(x,y,z), F_z(x,y,z))$	こう書いても同じ.
• ε_0	真空の誘電率.
• $\dfrac{1}{4\pi\varepsilon_0}$	MKS単位系を使う場合に,電場やクーロン力の式に表れる定数.

電気力 (クーロン力) のおさらい

- 電荷の単位は MKSA 単位系では [C] (クーロン) である.
- 電荷 q_0, q が $\vec{x}_0, \vec{x}$ にあるとき,q に作用する**電気力 (クーロン力)** $\vec{F}$ は

$$\vec{F} = \frac{1}{4\pi\varepsilon_0} \frac{q_0\, q}{|\vec{x}-\vec{x}_0|^2} \frac{\vec{x}-\vec{x}_0}{|\vec{x}-\vec{x}_0|} \tag{1.1}$$

その大きさは

$$\left|\vec{F}\right| = \frac{1}{4\pi\varepsilon_0} \frac{|q_0\, q|}{|\vec{x}-\vec{x}_0|^2} \tag{1.2}$$

- 上と同じ状況を,$\vec{r} = \vec{x}-\vec{x}_0$ で書いてみよう.$\vec{r}$ は q_0 を始点,q を終点とするベクトルである.

$$\vec{F} = \frac{1}{4\pi\varepsilon_0} \frac{q_0\, q}{|\vec{r}|^2} \frac{\vec{r}}{|\vec{r}|} \tag{1.3}$$

その大きさは

$$\left|\vec{F}\right| = \frac{1}{4\pi\varepsilon_0} \frac{|q_0\, q|}{|\vec{r}|^2} \tag{1.4}$$

- クーロン力は,その源である電荷の大きさに比例し,電荷間の距離の自乗に反比例することが,少しは明確になっただろうか. 式 (1.2),(1.4) の内容を書いておくと,

$$(クーロン力の大きさ) = \frac{1}{4\pi\varepsilon_0} \frac{(電荷)\cdot(電荷)}{(電荷間の距離)^2} \tag{1.5}$$

複数の電荷から作用するクーロン力のおさらい

- 電荷 Q の周りに電荷が2個ある場合，例えば電荷 Q_1, Q_2 がそれぞれ $\vec{x}_1, \vec{x}_2$ にあるとき，$\vec{x}$ にある電荷 Q に作用する力 $\vec{F}$ を考える．それは，Q_1 が Q に作用するクーロン力 $\vec{F}_1$ と，Q_2 が Q に作用するクーロン力 $\vec{F}_2$ の和である．つまり，

$$\vec{F} = \vec{F}_1 + \vec{F}_2 \tag{1.6}$$

$$= \frac{1}{4\pi\varepsilon_0} \frac{Q Q_1}{|\vec{x}-\vec{x}_1|^2} \frac{\vec{x}-\vec{x}_1}{|\vec{x}-\vec{x}_1|} + \frac{1}{4\pi\varepsilon_0} \frac{Q Q_2}{|\vec{x}-\vec{x}_2|^2} \frac{\vec{x}-\vec{x}_2}{|\vec{x}-\vec{x}_2|} \tag{1.7}$$

となる．

- 電荷がいくつあっても，2つの電荷だけに着目したクーロン力を求め，そのベクトル和をとっていけばよい (重ね合わせればよい)．

- ある電荷の周りに1個以上 (N 個としよう) の電荷がある場合をまとめておこう．電荷 Q が $\vec{x}$ にある．その周りの $\vec{x}_i$ に電荷 Q_i がある場合 ($i=1,\cdots,N$)，電荷 Q_i から電荷 Q に作用するクーロン力 $\vec{F}_i$ は，

$$\vec{F}_i = \frac{1}{4\pi\varepsilon_0} \frac{Q Q_i}{|\vec{x}-\vec{x}_i|^2} \frac{\vec{x}-\vec{x}_i}{|\vec{x}-\vec{x}_i|} \tag{1.8}$$

周りの全電荷から電荷 Q に作用するクーロン力 $\vec{F}$ は，$\vec{F}_i$ のベクトル和をとればよいので，

$$\vec{F} = \sum_{i=1}^{N} \vec{F}_i = \sum_{i=1}^{N} \frac{1}{4\pi\varepsilon_0} \frac{Q Q_i}{|\vec{x}-\vec{x}_i|^2} \frac{\vec{x}-\vec{x}_i}{|\vec{x}-\vec{x}_i|} \tag{1.9}$$

第1章 電気力 (クーロン力)

1. 水素原子

> 水素原子の電子と陽子に作用するクーロン力 (電気力) と万有引力を考える。q, m を電子の電荷と質量、Q, M を陽子の電荷と質量とする。また、電子と陽子の距離を r とする。

(a) q, Q のそれぞれの符号を書きなさい。さらに、q と Q の大きさの関係を書きなさい。

(b) 陽子から電子に作用するクーロン力の大きさ F を書きなさい。

(c) 陽子から電子に作用する万有引力の大きさ F' を書きなさい。万有引力定数を G とする。

(d) 次に挙げる各定数の値を用いて、F, F' を求めなさい。
- $r = 5.32 \times 10^{-11}$ m
- $|q| = Q = 1.60 \times 10^{-19}$ C
- $\varepsilon_0 = 8.85 \times 10^{-12}$ C^2 N^{-1} m^{-2}
- $m = 9.11 \times 10^{-31}$ kg
- $M = 1.67 \times 10^{-27}$ kg
- $G = 6.67 \times 10^{-11}$ N m^2 kg^{-2}

(e) F(電気力) は F'(万有引力) の何倍か？

2. つり下げた2個の小球

> 天井の1点に2本の同じ長さ l の糸が固定され、それぞれの下端に同じ質量 m の小球が付いている。小球のそれぞれは電荷 $Q > 0$ を持ち (電荷 Q を帯びる、とも言う)、2本の糸の間の角が 2θ 開いて静止している。重力加速度の大きさを g とする。

(a) 1つの小球に作用するクーロン力の大きさ F を求めなさい。

(b) 水平方向を x 軸 (向きは自由に定義せよ)、垂直方向を z 軸 (鉛直上向きを正) とする。1つの小球について、クーロン力を F (まだ (a) を代入しなくてよい)、糸の張力の大きさを T として、x, z 方向の運動方程式を立てなさい。

(c) 静止していることから、$\ddot{x} = \ddot{z} = 0$ として、F と T を求めなさい。

(d) (a) と (c) を使って、電荷 Q を求めなさい。

3. 複数電荷から作用するクーロン力

> 一辺の長さが r の正方形 ABCD がある。頂点 A には正電荷 $Q(>0)$ が、頂点 C には負電荷 $-Q$ が、頂点 D には正電荷 $q(>0)$ がある。頂点 D の電荷に作用する力 $\vec{F}$ を求める。

(a) 頂点 A の電荷が頂点 D の電荷に作用する力を $\vec{F}_A$、頂点 C の電荷が頂点 D の電荷に作用する力を $\vec{F}_C$ とする。$\vec{F}_A, \vec{F}_C$ を図示しなさい。$\vec{F}$ も描き加えなさい。

(b) $\vec{F}_A$ の大きさを求めなさい。

(c) $\vec{F}_C$ の大きさを求めなさい。

(d) $\vec{F}$ の大きさを求めなさい。

第 1 章 [解答例]

1. まず,水素原子を模式的(古典的)に描いておく.

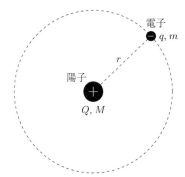

(a) 電子の電荷は負である. なぜ? 誰かがはじめにそう決めてしまった⋯ 歴史に従おう. 反抗したい人は,これから出てくる電荷の正負を全て逆転すればよい(でも,きっと疲れるだけだよ). というわけで, $\underline{q < 0 \,(負)}$ である.

それに対して,電子の電荷を負と決めたら,陽子の電荷は正だと言わなければならない. 電子とは反対符号の電荷だからである. というわけで, $\underline{Q > 0 \,(正)}$ である.

さて,ここでは絶対値の「大きさ」を比較する. 電子と陽子の電荷の値は覚えていなくても, 大きさが等しいことは覚えておこう. そして,これが世の中で**最小の電荷**(電気量)であることも覚えておこう. 最小なので,電子や陽子の電気量は「**電気素量**(または,**素電荷**)」と呼ばれる.

(b) おさらいの式 (1.1) から始めてもよいが,必要なのはクーロン力の大きさだけなので,おさらいの式 (1.2) か式 (1.4) から始めればよい. 式 (1.4) の方がわかりやすいかもしれない. いずれにしても式の意味を理解していないと,この問題に当てはめることができない. そう考えると,式 (1.5) から始めるべきかもしれない.

$$F = \frac{1}{4\pi\varepsilon_0} \frac{|q|Q}{r^2}$$

q は負なので絶対値記号が必要. Q は正なので絶対値記号は省略したが,付けてもよい.

(c) 万有引力とクーロン力は似ている. 力の源になるのが質量であるか電荷であるかの差があるくらいで,力の源になるものどうしの距離の自乗に反比例することは共通である. あとは,比例係数の値が異なるくらいだ. 力学で万有引力の式を覚えた人にとって,クーロン力の式を受け入れるのは苦にならないだろう. 前置きが長くなったが,万有引力は

$$F' = G \frac{mM}{r^2}$$

(d) 代入値は,問題にきちんと挙がっているので,ここではどんどん代入して計算していこう.

まずはクーロン力 F から計算する. 円周率は $\pi = 3.14$ を使って,

$$\begin{aligned}
F &= \frac{1}{4\pi\varepsilon_0} \frac{|q|Q}{r^2} \\
&= \frac{1}{4 \times 3.14 \times 8.85 \times 10^{-12}} \\
&\quad \times \frac{1.60 \times 10^{-19} \times 1.60 \times 10^{-19}}{(5.32 \times 10^{-11})^2} \\
&= \underline{8.14 \times 10^{-8} \,\text{N}}
\end{aligned}$$

単位も付けましたか? 代入値が MKS 単位系なので,正しい式を使っていれば, F の単位は力の単位 [N] になります(確認してみよう). 万有引力 F' の方は,

$$\begin{aligned}
F' &= G \frac{mM}{r^2} \\
&= 6.67 \times 10^{-11} \\
&\quad \times \frac{9.11 \times 10^{-31} \times 1.67 \times 10^{-27}}{(5.32 \times 10^{-11})^2} \\
&= \underline{3.59 \times 10^{-47} \,\text{N}}
\end{aligned}$$

6　第1章　電気力 (クーロン力)

となる．万有引力がとてつもなく小さいことがわかった．

(e) (d) の結果より，
$$\frac{F}{F'} = \frac{8.14 \times 10^{-8}}{3.59 \times 10^{-47}} = \underline{2.27 \times 10^{39}} \text{倍}$$
10^{39} って，どんだけぇぇぇっ!? 1兆の1兆倍の1兆倍の千倍… ピンとこない．とにかく，万有引力と比べて電気力がむちゃくちゃ強いことだけはわかった．

2. 問題の内容を簡単に図に示してみた．2個の小球は質量も電荷量も同じ，糸の長さも同じなので，対称な位置に静止する．

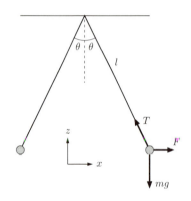

(a) 図より小球間の距離は $2l\sin\theta$ なので，おさらいの式 (1.2) (または式 (1.4)，または式 (1.5)) より，
$$F = \frac{1}{4\pi\varepsilon_0} \frac{Q^2}{(2l\sin\theta)^2} = \frac{1}{4\pi\varepsilon_0} \frac{Q^2}{4l^2\sin^2\theta}$$

(b) 上図を見ながら，右の小球について運動方程式を立てると，
$$\begin{cases} m\ddot{x} = F - T\sin\theta \\ m\ddot{z} = T\cos\theta - mg \end{cases}$$

(c) 小球は静止しているので加速度もゼロ．(b) の式で $\ddot{x} = \ddot{z} = 0$ とすると，
$$\begin{cases} 0 = F - T\sin\theta \\ 0 = T\cos\theta - mg \end{cases}$$

$$\iff \begin{cases} F = T\sin\theta = mg\tan\theta \\ T = \dfrac{mg}{\cos\theta} \end{cases}$$

(d) (a) と (c) で求めた F は等しいから，
$$\frac{1}{4\pi\varepsilon_0} \frac{Q^2}{4l^2\sin^2\theta} = mg\tan\theta$$
これを $Q(>0)$ について解くと，
$$Q = 2l\sin\theta\sqrt{4\pi\varepsilon_0 mg\tan\theta}$$

3. 問題文の内容を図にすると次のようになる．

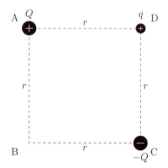

(a) まず，A と D の電荷だけを見る (C の電荷は見ない)．両方とも正電荷なので反発する．よって，D の電荷 q には A の電荷 Q から斥力 $\vec{F}_A$ が作用する．

次に，C と D の電荷だけを見る (A の電荷は見ない)．負と正の電荷なので引き合う．よって，D の電荷 q には C の電荷 $-Q$ から引力 $\vec{F}_C$ が作用する．

おさらいの式 (1.6) より，D に作用するクーロン力 $\vec{F}$ は $\vec{F}_A$ と $\vec{F}_C$ のベクトル和なので
$$\vec{F} = \vec{F}_A + \vec{F}_C$$

A と D の電荷の積 qQ の大きさと，C と D の電荷の積 $-qQ$ の大きさは (絶対値をとれば) 等しく，AD 間，CD 間の距離も等しいので，$\vec{F}_A, \vec{F}_C$ の大きさは同じになるということを見越して，これらを図示すると，次のようになる．

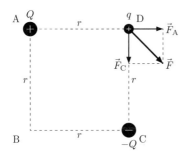

(b) 電荷は Q と q, それらの距離は r なので, おさらいの式 (1.2)(または式 (1.4), または式 (1.5)) より,

$$\left|\vec{F}_\mathrm{A}\right| = \frac{1}{4\pi\varepsilon_0}\frac{qQ}{r^2}$$

(c) 電荷は $-Q$ と q, それらの距離は r なので, おさらいの式 (1.2)(または式 (1.4), または式 (1.5)) より,

$$\left|\vec{F}_\mathrm{C}\right| = \frac{1}{4\pi\varepsilon_0}\frac{q\,|-Q|}{r^2}$$
$$= \frac{1}{4\pi\varepsilon_0}\frac{qQ}{r^2}$$

(a) で触れたように, (b) と (c) の結果は同じになる.

(d) 図を見ると, $\vec{F}_\mathrm{A}$ と $\vec{F}_\mathrm{C}$ が作る平行四辺形は正方形である. そして, $\vec{F}$ はその対角線なので, その大きさは $\vec{F}_\mathrm{A}$ (または $\vec{F}_\mathrm{C}$) の $\sqrt{2}$ 倍である. よって, (b)(または (c)) を使って,

$$\left|\vec{F}\right| = \left|\vec{F}_\mathrm{A}\right| \times \sqrt{2}$$
$$= \frac{1}{4\pi\varepsilon_0}\frac{\sqrt{2}\,qQ}{r^2}$$

第 1 章 おしまい・・・ お疲れ様でした.

第2章

電場 (点電荷)

この章の記号や条件等の説明

• $\vec{A}, \vec{a}, \vec{x}, \boldsymbol{A}, \boldsymbol{a}, \boldsymbol{x}$	ベクトルは矢印や太字 (黒板では二重線) で表されるが，本書では矢印表記を用いる．
• q, q_0, q_i, Q, Q_0, Q_i	電荷 (電気量)．
• $\vec{x} = (x, y, z)$	場所を表すベクトル．
• $\vec{E}(\vec{x}) = (E_x, E_y, E_z)$	場所 $\vec{x}$ での電場ベクトル．
$\quad = (E_x(\vec{x}), E_y(\vec{x}), E_z(\vec{x}))$	(ちょっとややこしいけど) 詳しく書いてみた．
$\quad = (E_x(x,y,z), E_y(x,y,z), E_z(x,y,z))$	こう書いても同じ．
• ε_0	真空の誘電率．
• $\dfrac{1}{4\pi\varepsilon_0}$	MKS単位系を使う場合に，電場やクーロン力の式に表れる定数．

電場のおさらい

- 電荷の出現によって，何もなかったただの「空間」(space) が，電気の性質を持った「場」(field) に変わる．その場を「**電場**」(または**電界**) と呼ぶ．電荷が原因で，その結果として電場が発生する．
- 電荷 q (電場を発生させているのとは別の電荷) を電場 $\vec{E}$ が発生している場所に置くと，そこに置いた電荷 q にクーロン力 $\vec{F}$ が作用する．これを式で表すと，

$$\vec{F} = q\vec{E} \tag{2.1}$$

- 電荷 q_0 が $\vec{x}_0$ にあるとき，その電荷によって発生する $\vec{x}$ での電場 $\vec{E}(\vec{x})$ は

$$\vec{E}(\vec{x}) = \frac{1}{4\pi\varepsilon_0} \frac{q_0}{|\vec{x}-\vec{x}_0|^2} \frac{\vec{x}-\vec{x}_0}{|\vec{x}-\vec{x}_0|} \tag{2.2}$$

その大きさは

$$\left|\vec{E}(\vec{x})\right| = \frac{1}{4\pi\varepsilon_0} \frac{|q_0|}{|\vec{x}-\vec{x}_0|^2} \tag{2.3}$$

- 上と同じ状況を，電荷 q_0 から見た電場の位置 $\vec{x}$ を示すベクトル $\vec{r} = \vec{x} - \vec{x}_0$ で書いてみよう．

$$\vec{E}(\vec{r}) = \frac{1}{4\pi\varepsilon_0} \frac{q_0}{|\vec{r}|^2} \frac{\vec{r}}{|\vec{r}|} \tag{2.4}$$

その大きさは

$$\left|\vec{E}(\vec{r})\right| = \frac{1}{4\pi\varepsilon_0} \frac{|q_0|}{|\vec{r}|^2} \tag{2.5}$$

- 電場は電荷に比例し，電荷から電場を考えている点までの距離の自乗に反比例する．

$$電場の大きさ = \frac{1}{4\pi\varepsilon_0} \frac{電荷}{距離^2} \tag{2.6}$$

電場とクーロン力のおさらい

- $\vec{x}_0$ の電荷 q_0 によって電場 $\vec{E}(\vec{x})$ ができると，位置 $\vec{x}$ に置かれた別の電荷 q はクーロン力 $\vec{F}$ を受ける．これを式で表すと，おさらいの式 (2.1) と式 (2.2) より，

$$\vec{F} = q\,\vec{E}(\vec{x}) \tag{2.7}$$

$$= \frac{1}{4\pi\varepsilon_0} \frac{q_0\,q}{|\vec{x}-\vec{x}_0|^2} \frac{\vec{x}-\vec{x}_0}{|\vec{x}-\vec{x}_0|} \tag{2.8}$$

- 「電場 $\vec{E}$ の中に電荷 q を置く」という状態は，式では「$\vec{E}$ と q の積」に対応する．

複数電荷による電場のおさらい

- 複数の電荷がある場合: 例えば電荷 q_i が $\vec{x}_i$ にあるとき $(i = 1, \cdots, n)$, $\vec{x}$ にできる電場 $\vec{E}(\vec{x})$ は, q_i が $\vec{x}$ につくる電場 $\vec{E}_i(\vec{x})$ を, $i = 1$ から n まで重ね合わせたものである. つまり,

$$\vec{E}(\vec{x}) = \sum_{i=1}^{n} \vec{E}_i(\vec{x}) \tag{2.9}$$

$$= \sum_{i=1}^{n} \frac{1}{4\pi\varepsilon_0} \frac{q_i}{|\vec{x} - \vec{x}_i|^2} \frac{\vec{x} - \vec{x}_i}{|\vec{x} - \vec{x}_i|} \tag{2.10}$$

となる. 電荷がいくつあっても, 1つの電荷だけに着目して電場を求め, その和をとればよい (重ね合わせればよい).

- 上の状況を, 各電荷 q_i から見た電場の位置 $\vec{x}$ を示すベクトル $\vec{r}_i = \vec{x} - \vec{x}_i$ で書いてみよう.

$$\vec{E}(\vec{x}) = \sum_{i=1}^{n} \frac{1}{4\pi\varepsilon_0} \frac{q_i}{|\vec{r}_i|^2} \frac{\vec{r}_i}{|\vec{r}_i|} \tag{2.11}$$

この電場の大きさは

$$\left| \vec{E}(\vec{x}) \right| = \left| \sum_{i=1}^{n} \frac{1}{4\pi\varepsilon_0} \frac{q_i}{|\vec{r}_i|^2} \frac{\vec{r}_i}{|\vec{r}_i|} \right| \tag{2.12}$$

$$= \left| \vec{E}_1(\vec{x}) + \vec{E}_2(\vec{x}) + \cdots \right| \tag{2.13}$$

である. くれぐれも

$$\left| \vec{E}(\vec{x}) \right| \neq \sum_{i=1}^{n} \left| \frac{1}{4\pi\varepsilon_0} \frac{q_i}{|\vec{r}_i|^2} \frac{\vec{r}_i}{|\vec{r}_i|} \right| \tag{2.14}$$

$$\left| \vec{E}(\vec{x}) \right| \neq \left| \vec{E}_1(\vec{x}) \right| + \left| \vec{E}_2(\vec{x}) \right| + \cdots \tag{2.15}$$

なので, 混乱しないこと. 式 (2.12) と (2.14) の違い, 式 (2.13) と (2.15) の違いに注意する.

1. 陽子の作る電場

空間に電荷 Q の陽子が 1 個ある．この電荷によって，陽子の周りの空間に電場が発生する．

(a) 陽子からの距離が r の位置にできる電場の大きさ E を書きなさい．
(b) 陽子からの距離が r の 10 倍の r' の位置にできる電場の大きさ E' は E の何倍か？
(c) 陽子の位置を 3 次元直交座標系の原点とし，この周りの電場を $\vec{E}(\vec{x})$ とする．位置 $\vec{x} = (1, 3, 2)$ の電場 $\vec{E}(1,3,2)$ を求めなさい．但し，位置座標の単位は [m] とする．
(d) (c) の電場 $\vec{E}(1,3,2)$ の大きさを求めなさい．
(e) $\vec{E}(\vec{x})$ の始点は，どこにあると考えるのがよいか？

2. 2 個の点電荷による電場

一辺の長さが r の正方形 ABCD がある．頂点 A には負電荷 $-Q$ が，頂点 B には正電荷 $2Q$ がある．頂点 A の電荷が頂点 D に作る電場を $\vec{E}_A$，頂点 B の電荷が頂点 D に作る電場を $\vec{E}_B$ とし，頂点 D の電場 $\vec{E}$ を求める．

(a) まず図を描いて，$\vec{E}_A$ と $\vec{E}_B$ の向きを図示しなさい．さらに $\vec{E}$ も図示しなさい．
(b) $\vec{E}_A$ の大きさを求めなさい．
(c) $\vec{E}_B$ の大きさを求めなさい．
(d) 先ほどの図の $\vec{E}_A, \vec{E}_B$ について，それぞれの大きさを修正し，$\vec{E}$ も図示しなさい．
(e) $\overrightarrow{BC}$ を x 軸の正の向き，$\overrightarrow{BA}$ を y 軸の正の向きとする xy 座標を用い，
$$\vec{E}_A = (E_{Ax}, E_{Ay})$$
$$\vec{E}_B = (E_{Bx}, E_{By})$$
とする．各成分 $E_{Ax}, E_{Ay}, E_{Bx}, E_{By}$ を求めなさい．
(f) 同様に電場ベクトルの成分を $\vec{E} = (E_x, E_y)$ とするとき，E_x, E_y を求めなさい．
(g) $\vec{E}$ の大きさを求めなさい．

3. 3 個の点電荷による電場

3 次元直交座標系において，点 A, B, C のそれぞれの座標を $(s,0,0)$, $(0,s,0)$, $(0,0,s)$ とする．s は正の定数．それぞれの点に電荷 $Q\ (>0)$ がある．座標 (s,s,s) の点 D における電場 $\vec{E}$ を求める．

(a) まず，電荷の配置を図に描きなさい．
(b) 点 A の電荷が点 D に作る電場ベクトル $\vec{E}_A$ を，点 A, D のそれぞれの位置ベクトル $\vec{r}_A, \vec{r}_D$ を用いて表しなさい．
(c) $|\vec{r}_D - \vec{r}_A|$ を求めなさい．それを用いて，$\vec{E}_A$ を書き直しなさい．
(d) 同様に，点 B の電荷が点 D に作る電場ベクトル $\vec{E}_B$ を，点 B の位置ベクトル $\vec{r}_B$ (と $\vec{r}_D$) を用いて表しなさい．
(e) 同様に，点 C の電荷が点 D に作る電場ベクトル $\vec{E}_C$ を，点 C の位置ベクトル $\vec{r}_C (\vec{r}_D)$ を用いて表しなさい．
(f) $\vec{r}_D$ を，$\vec{r}_A, \vec{r}_B, \vec{r}_C$ を用いて表しなさい．
(g) 点 D における電場ベクトル $\vec{E}$ を，$\vec{E}_A, \vec{E}_B, \vec{E}_C$ を用いて表しなさい．
(h) $\vec{E}$ を求めなさい．その際，$\vec{r}_A, \vec{r}_B, \vec{r}_C$ は消去して，$\vec{r}_D$ で表しなさい．

第2章 [解答例]

1. (a) おさらいの式 (2.3) または式 (2.5) または式 (2.6) より

$$E = \frac{1}{4\pi\varepsilon_0}\frac{Q}{r^2}$$

電場の大きさ (強さ) E は，その電場の原因となる電荷 Q の大きさと，2点 (電荷の位置と電場の位置) の距離 r の**自乗**で決まる．それは，Q の大きさに比例し (電荷が大きいほど電場は強い)，r の自乗に反比例する (原因となる電荷から遠い位置では電場は弱い)．比例係数 $\frac{1}{4\pi\varepsilon_0}$ (MKS 単位系の場合) は覚えよう．
ところで，この答の電荷 Q は，絶対値を付けて $|Q|$ としなくてよいのだろうか？ ここでは Q は陽子の電荷である．陽子の電荷は正なので，絶対値は必要ない．もちろん，付けてもよい．

(b) (a) と同様に r' での電場の大きさは，

$$E' = \frac{1}{4\pi\varepsilon_0}\frac{Q}{r'^2}$$

r' は r の 10 倍なので，

$$r' = 10\, r$$

これを E' に代入すると，

$$\begin{aligned}E' &= \frac{1}{4\pi\varepsilon_0}\frac{Q}{(10\,r)^2}\\&= \frac{1}{4\pi\varepsilon_0}\frac{Q}{100\,r^2}\\&= \frac{1}{100}E\end{aligned}$$

よって，E' は E の $\frac{1}{100}$ 倍である．

(c) 問題の内容は例えば次の図のようになる．

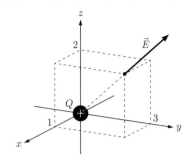

おさらいの式 (2.3) 電場の原因となる電荷 Q の位置 $\vec{x}_0$ は原点なので，

$$\vec{x}_0 = (0,0,0)$$

電場を考える位置 $\vec{x}$ と $\vec{x}_0$ の差は，

$$\begin{aligned}\vec{x} - \vec{x}_0 &= (1,3,2) - (0,0,0)\\&= (1,3,2)\end{aligned}$$

この大きさも必要なので，求めておくと，

$$|\vec{x} - \vec{x}_0| = \sqrt{1^2 + 3^2 + 2^2} = \sqrt{14}$$

これらをおさらいの式 (2.3) に代入すると

$$\begin{aligned}\vec{E}(1,3,2) &= \frac{1}{4\pi\varepsilon_0}\frac{Q}{|\vec{x}-\vec{x}_0|^2}\frac{\vec{x}-\vec{x}_0}{|\vec{x}-\vec{x}_0|}\\&= \frac{1}{4\pi\varepsilon_0}\frac{Q}{14\sqrt{14}}(\vec{x}-\vec{x}_0)\\&= \frac{Q}{56\sqrt{14}\pi\varepsilon_0}(1,3,2)\end{aligned}$$

この電場は，電荷の位置である原点と電場を考えている位置 (1,3,2) を結ぶ線分の方向で，正電荷 Q から遠ざかる向きである．

(d) (c) で得た $\vec{E}(1,3,2)$ の定数倍の部分を見やすくするために，それをひとまず A とおくと，

$$\vec{E}(1,3,2) = A\,(1,3,2)$$

$$\left(A = \frac{Q}{56\sqrt{14}\pi\varepsilon_0}\right)$$

$\vec{E}(1,3,2)$ の大きさは
$$\left|\vec{E}(1,3,2)\right| = \sqrt{A^2(1^2+3^2+2^2)}$$
$$(\text{いきなり} = A\sqrt{1^2+3^2+2^2} \text{ でもよい})$$
$$= A\sqrt{14}$$
$$= \frac{Q}{56\sqrt{14}\pi\varepsilon_0}\sqrt{14}$$
$$= \frac{Q}{56\pi\varepsilon_0}$$

途中で定数部分を置き換える必要は特にない．つまり，A と置き換えずにそのまま求めてもよい．

(e) いろいろな流儀があるかもしれないが，$\vec{E}(\vec{x})$ の始点は，電場を考えている位置 $\vec{x}$ (の終点) にすることをお薦めする．そこから，どちらの向きに，どれだけの大きさの電場になっているのかをイメージするのがよいだろう．

2. (a) 図は例えば次のようになる．

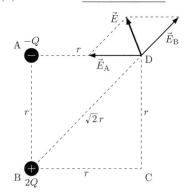

頂点 D の電場は，頂点 A と B の電荷が作る電場の重ね合わせ (ベクトル和) なので，
$$\vec{E} = \vec{E}_\text{A} + \vec{E}_\text{B}$$

$\vec{E}_\text{A}$ は頂点 A の電荷が負なので電荷に近付く向き，$\vec{E}_\text{B}$ は頂点 B の電荷が正なので電荷から遠ざかる向きになる．

それぞれがどちら向きになるかわからないときは，頂点 D に正のテスト電荷を置いて，どちら向きにクーロン力を受けるかを考えてみよう．このように，実際には実験を行わないで，仮の電荷を置いたりして思考の中だけで試すことを思考実験という．

(b) 頂点 B の電荷は見ずに，頂点 A の電荷だけに着目する．電場の原因となる電荷は $-Q$ である．そして，電荷から頂点 D までの距離は r．これらをおさらいの式 (2.3) または式 (2.5) または式 (2.6) に代入すると，
$$\left|\vec{E}_\text{A}\right| = \frac{1}{4\pi\varepsilon_0}\frac{|-Q|}{r^2}$$
$$= \frac{1}{4\pi\varepsilon_0}\frac{Q}{r^2}$$

題意 (負電荷 $-Q$) から，$Q > 0$ であることに注意．

(c) 今度は，頂点 A の電荷は見ずに，頂点 B の電荷だけに着目する．電場の原因となる電荷は $2Q$ である．電荷から頂点 D までの距離は，正方形の対角線なので $\sqrt{2}r$．これらをおさらいの式 (2.3) または式 (2.5) または式 (2.6) に代入すると，
$$\left|\vec{E}_\text{B}\right| = \frac{1}{4\pi\varepsilon_0}\frac{|2Q|}{(\sqrt{2}r)^2}$$
$$= \frac{1}{4\pi\varepsilon_0}\frac{Q}{r^2}$$

(d) (b),(c) より $\left|\vec{E}_\text{A}\right|$ と $\left|\vec{E}_\text{B}\right|$ は等しいので，図の $\vec{E}_\text{A}$ と $\vec{E}_\text{B}$ の長さを同じにしなければならない．実は(a)の図はそれを見越して，既に同じ長さで描かれている．

(e) 図からすなおに電場の大きさが求まることもあるが，この問題はそうはいかないので，ベクトルの成分を調べて求めようというわけだ．

xy 座標上に $\vec{E}_\text{A}$ と $\vec{E}_\text{B}$ だけを描いておく．

14 第2章 電場 (点電荷)

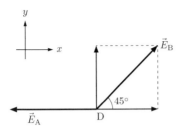

まず, $\vec{E}_A$ から求めよう. 図から $\vec{E}_A$ は x 成分しか持たない. しかも, 向きを考えると x 成分は負である. (b) で求めた $\vec{E}_A$ の大きさを使うと

$$\begin{cases} E_{Ax} = -\left|\vec{E}_A\right| = -\dfrac{1}{4\pi\varepsilon_0}\dfrac{Q}{r^2} \\ E_{Ay} = 0 \end{cases}$$

次に, $\vec{E}_B$ を求める. 図を見て, (c) で求めた $\vec{E}_B$ の大きさを使うと

$$\begin{cases} E_{Bx} = \left|\vec{E}_B\right|\cos 45° = \dfrac{1}{4\pi\varepsilon_0}\dfrac{Q}{\sqrt{2}\,r^2} \\ E_{By} = \left|\vec{E}_B\right|\sin 45° = \dfrac{1}{4\pi\varepsilon_0}\dfrac{Q}{\sqrt{2}\,r^2} \end{cases}$$

(f) (a) に示した式を使うと,

$$\vec{E} = \vec{E}_A + \vec{E}_B$$
$$= (E_{Ax}+E_{Bx},\, E_{Ay}+E_{By})$$

よって, まず $\vec{E}$ の x 成分は,

$$E_x = E_{Ax} + E_{Bx}$$

((e) の結果を代入すると)

$$= -\dfrac{1}{4\pi\varepsilon_0}\dfrac{Q}{r^2} + \dfrac{1}{4\pi\varepsilon_0}\dfrac{Q}{\sqrt{2}\,r^2}$$
$$= \dfrac{1}{4\pi\varepsilon_0}\dfrac{Q}{r^2}\left(-1+\dfrac{1}{\sqrt{2}}\right)$$
$$= \dfrac{1}{4\pi\varepsilon_0}\dfrac{Q}{r^2}\dfrac{\sqrt{2}-2}{2}$$

そして, y 成分は,

$$E_y = E_{Ay} + E_{By}$$

$$= 0 + \dfrac{1}{4\pi\varepsilon_0}\dfrac{Q}{\sqrt{2}\,r^2}$$
$$= \dfrac{1}{4\pi\varepsilon_0}\dfrac{Q}{\sqrt{2}\,r^2}$$

(g) $\vec{E}$ の大きさは,

$$\left|\vec{E}\right| = \sqrt{E_x{}^2 + E_y{}^2}$$

で求まる. これに (f) の結果を代入すればよい. 見やすくするために, (f) の結果の共通部分を

$$A = \dfrac{1}{4\pi\varepsilon_0}\dfrac{Q}{r^2}$$

とおくと

$$\begin{cases} E_x = A\dfrac{\sqrt{2}-2}{2} \\ E_y = A\dfrac{1}{\sqrt{2}} \end{cases}$$

これを代入すると

$$\left|\vec{E}\right| = \sqrt{E_x{}^2 + E_y{}^2}$$
$$= A\sqrt{\left(\dfrac{\sqrt{2}-2}{2}\right)^2 + \left(\dfrac{1}{\sqrt{2}}\right)^2}$$
$$= A\sqrt{2-\sqrt{2}}$$
$$= \dfrac{1}{4\pi\varepsilon_0}\dfrac{Q}{r^2}\sqrt{2-\sqrt{2}}$$

もちろん, 途中で A と置き換える必要はない.

3. (a) 図は例えば次のようになる.

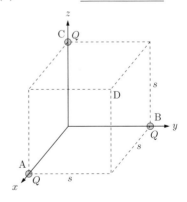

(b) $\overline{\mathrm{AD}}$ 間の距離は $|\vec{r}_D - \vec{r}_A|$ となる. お

さらいの式 (2.3) より電場の大きさは
$$|\vec{E}_A| = \frac{1}{4\pi\varepsilon_0} \frac{|Q|}{|\vec{r}_D - \vec{r}_A|^2}$$
$$= \frac{1}{4\pi\varepsilon_0} \frac{Q}{|\vec{r}_D - \vec{r}_A|^2}$$
これに $\vec{r}_D - \vec{r}_A$ の向きの単位ベクトル
$$\frac{\vec{r}_D - \vec{r}_A}{|\vec{r}_D - \vec{r}_A|}$$
を付ければ，$\vec{E}_A$ が得られる．
$$\underline{\vec{E}_A = \frac{1}{4\pi\varepsilon_0} \frac{Q}{|\vec{r}_D - \vec{r}_A|^2} \frac{\vec{r}_D - \vec{r}_A}{|\vec{r}_D - \vec{r}_A|}}$$
もちろん，このように大きさと向きに分けて求めなくても，おさらいの式 (2.2) を使って直接求めてもよい．

(c) $|\vec{r}_D - \vec{r}_A|(=\overline{AD})$ は一辺が s の正方形の対角線だから，その距離は
$$\underline{|\vec{r}_D - \vec{r}_A| = \sqrt{2}s}$$
これを (b) の結果に代入すると
$$\underline{\vec{E}_A = \frac{1}{4\pi\varepsilon_0} \frac{Q}{2\sqrt{2}\,s^3} (\vec{r}_D - \vec{r}_A)}$$

(d) A のときと同様な手順で求め直してもよいが，A,B,C の電荷が同じ大きさで，A,B,C のそれぞれから D までの距離も全て等しいので，B,C に関しても A のとき同様な結果になる．従って，B に関しては，(c) の結果の添字の A を B に置き換えればよい．
$$\underline{\vec{E}_B = \frac{1}{4\pi\varepsilon_0} \frac{Q}{2\sqrt{2}\,s^3} (\vec{r}_D - \vec{r}_B)}$$

(e) (d) に説明したように，C に関しては，(c) の結果の添字の A を C に置き換えればよい．
$$\underline{\vec{E}_C = \frac{1}{4\pi\varepsilon_0} \frac{Q}{2\sqrt{2}\,s^3} (\vec{r}_D - \vec{r}_C)}$$

(f) 図を見ながら考える．
$$\underline{\vec{r}_D = \vec{r}_A + \vec{r}_B + \vec{r}_C}$$
わからないときは，まず $\vec{r}_A + \vec{r}_B$ を求め，それに $\vec{r}_C$ を足し，二段階で考える．

(g) 電場は重ね合わせ (ベクトル和) で求まるから
$$\vec{E} = \vec{E}_A + \vec{E}_B + \vec{E}_C$$

(h) まず (g) の結果に (c),(d),(e) の結果を代入して整理すると
$$\vec{E} = \frac{1}{4\pi\varepsilon_0} \frac{Q}{2\sqrt{2}\,s^3} \{3\vec{r}_D - (\vec{r}_A + \vec{r}_B + \vec{r}_C)\}$$
これに (f) の結果を代入して $\vec{r}_A, \vec{r}_B, \vec{r}_C$ を消去すると，
$$\vec{E} = \frac{1}{4\pi\varepsilon_0} \frac{Q}{2\sqrt{2}\,s^3} (3\vec{r}_D - \vec{r}_D)$$
$$\underline{= \frac{1}{4\pi\varepsilon_0} \frac{Q}{\sqrt{2}\,s^3} \vec{r}_D}$$

第 2 章 おしまい $\cdots$ お疲れ様でした．

第3章

電場 (連続分布電荷)

この章の記号や条件等の説明

• $\vec{A}, \vec{a}, \vec{x}, \boldsymbol{A}, \boldsymbol{a}, \boldsymbol{x}$	ベクトルは矢印や太字 (黒板では二重線) で表されるが，本書では矢印表記を用いる．
• q, q_0, q_i, Q, Q_0, Q_i	電荷 (電気量)．
• $\vec{x} = (x, y, z) , \vec{x}' = (x', y', z')$	場所を表すベクトル．
• $\vec{E}(\vec{x}) = (E_x, E_y, E_z)$	場所 $\vec{x}$ での電場ベクトル．
$\phantom{\bullet\ \vec{E}(\vec{x})} = (E_x(\vec{x}), E_y(\vec{x}), E_z(\vec{x}))$	(ちょっとややこしいけど) 詳しく書いてみた．
$\phantom{\bullet\ \vec{E}(\vec{x})} = (E_x(x,y,z), E_y(x,y,z), E_z(x,y,z))$	こう書いても同じ．
• ε_0	真空の誘電率．
• $\dfrac{1}{4\pi\varepsilon_0}$	MKS 単位系を使う場合に，電場やクーロン力の式に表れる定数．
• $\mathrm{d}q, \mathrm{d}q(\vec{x}')$	微小領域の微小電荷．微小領域の場所 $\vec{x}'$ を意識するときは $\mathrm{d}q(\vec{x}')$ と書く．
• $\mathrm{d}s$	1次元の微小線分．線素．
• $\mathrm{d}S$	2次元の微小面積．面積素片．
• $\mathrm{d}V$	3次元の微小体積．体積素片．
• λ	電荷の線密度．
• σ	電荷の面密度．
• ρ	電荷の体積密度．

連続分布する電荷による電場のおさらい

- 電荷がある領域に広がって連続的に分布する場合は，その領域を幾つもの微小領域に分けて考える．3次元なら微小体積 dV 内，2次元なら微小面積 dS 上，1次元なら微小線分 ds 上の微小な電荷について考える．
- ある1つの微小領域の場所を $\vec{x}'$ で表し，その微小領域の電荷を dq とする．$\vec{x}'$ での微小電荷を表すために $dq(\vec{x}')$ と書く場合もある．
- $\vec{x}'$ にある微小電荷 dq が $\vec{x}$ に作る微小電場 $d\vec{E}$ は

$$d\vec{E} = \frac{1}{4\pi\varepsilon_0} \frac{dq}{|\vec{x}-\vec{x}'|^2} \frac{\vec{x}-\vec{x}'}{|\vec{x}-\vec{x}'|} \tag{3.1}$$

その大きさは

$$\left| d\vec{E} \right| = \frac{1}{4\pi\varepsilon_0} \frac{|dq|}{|\vec{x}-\vec{x}'|^2} \tag{3.2}$$

- $\left| d\vec{E} \right|$ が求まったら，それから $d\vec{E}$ の各成分

$$d\vec{E} = (dE_x, dE_y, dE_z) \tag{3.3}$$

を求める．

- $\vec{x}$ での電場 $\vec{E}(\vec{x})$ は，$d\vec{E}$ を足し合わせると，つまり $d\vec{E}$ を積分すると得られる．

$$\vec{E}(\vec{x}) = \int d\vec{E} \tag{3.4}$$

微小量 (微小ベクトル) の足し算は積分である．

- 実際に電場 $\vec{E}(\vec{x})$ を求めるには，各成分ごとに積分すればよい．

$$E_x = \int dE_x \tag{3.5}$$

$$E_y = \int dE_y \tag{3.6}$$

$$E_z = \int dE_z \tag{3.7}$$

電荷密度のおさらい

- 電荷が分布する領域が 3 次元の場合：微小体積 (体積素片) dV の内部の微小電荷 dq は，3 次元の電荷密度 ρ を用いて

$$dq = \rho\, dV \tag{3.8}$$

電荷 = (電荷) 密度 × 体積

と表せる．ρ は単位体積あたりの電荷である．

- 電荷が分布する領域が 2 次元の場合：微小面積 (面積素片)dS の面上の微小電荷 dq は，2 次元の電荷密度 (面密度) σ を用いて

$$dq = \sigma\, dS \tag{3.9}$$

電荷 = (電荷の面) 密度 × 面積

と表せる．σ は単位面積あたりの電荷である．

- 電荷が分布する領域が 1 次元の場合：微小線分 (線素)ds の線上の微小電荷 dq は，1 次元の電荷密度 (線密度) λ を用いて

$$dq = \lambda\, ds \tag{3.10}$$

電荷 = (電荷の線) 密度 × 長さ

と表せる．λ は単位長さあたりの電荷である．

1. x 軸上に分布する電荷による電場

   > x 軸上の $x = a \sim b$ に電荷が線密度 $\lambda (>0)$ で分布するとき, 原点の電場を求める.

   (a) x 軸上の微小部分 $x \sim x + dx$ の電荷 dq を求めなさい.
   (b) dq が原点に作る電場 $d\vec{E}$ の x 成分 dE_x を求めなさい.
   (c) $\lambda(x) = cx$ のとき, 原点の電場 $\vec{E}$ の x 成分 E_x を求めなさい. c は正の定数である.

2. 半円上に一様分布する電荷による電場

   > 原点 O を中心とする半径 a の半円が $y > 0$ の領域にある. この半円に沿って電荷が一様に分布する. その電荷の線密度を λ (定数) とする. このとき, 原点 O の電場 $\vec{E} = (E_x, E_y, E_z)$ を求める.

   (a) 半円上の線素 ds の位置を極座標 (r, θ) を使って表す. r は動径 (原点 O と線素 ds を結ぶ線) の長さで, 今 $r = a$ (定数) である. θ は動径と x 軸のなす角である. 線素 ds と原点 O でつくる扇型の中心角は $d\theta$ となる. これらを図に描いて表しなさい. そして, 長さ ds を $a, d\theta$ を用いて表しなさい.
   (b) ds の電荷 dq を λ と ds で表しなさい. そして, ds に (a) の結果を代入しなさい.
   (c) dq が原点につくる電場 $d\vec{E}$ を, (a) の図に描き加えなさい.
   (d) $\left|d\vec{E}\right| = dE$ を求めなさい (ここではまだ dq を残しておいてよい).
   (e) $d\vec{E}$ の x, y 成分 dE_x, dE_y を求めなさい (dE を用いてよい).
   (f) dE_y に (d) の dE を代入し, さらに (b) の dq を代入しなさい.
   (g) 半円上のあらゆる dq について dE_y を足し上げる (積分する) ときの, θ の範囲を示しなさい.
   (h) dE_y を半円上で積分して, E_y を求めなさい.
   (i) E_x, E_z はどうなるか, 説明しなさい.

3. 半球内に一様分布する電荷による電場

   > 原点 O を中心とする半径 a の半球が $z > 0$ の領域にある. この半球の内部には電荷が一様に分布する. その電荷密度を $\rho (>0)$ とする. このとき, 原点 O の電場 $\vec{E} = (E_x, E_y, E_z)$ を求める.

   (a) 半球内のある点 X の位置を極座標 (r, θ, ϕ) を使って表す. r は動径 ($\overline{\mathrm{OX}}$) の長さ, θ は動径と z 軸のなす角, ϕ は動径を xy 平面に射影した線分が x 軸となす角である. これらの内容を図に描いて表しなさい.
   (b) 点 X 近傍の微小体積 dV を考える. dV を極座標で表しなさい.
   (c) dV 内の電荷 dq を ρ と dV で表しなさい.
   (d) dq が原点につくる電場 $d\vec{E}$ を, (a) の図に描き加えなさい.
   (e) $\left|d\vec{E}\right| = dE$ を求めなさい (ここではまだ dq を残しておいてよい).
   (f) $d\vec{E}$ の z 成分 dE_z を求めなさい (dE を用いてよい).
   (g) dE_z に (e) の dE を代入し, さらに (c) の dq を代入しなさい.
   (h) 半球内のあらゆる dq について dE_z を足し上げる (積分する) ときの, r, θ, ϕ の範囲を示しなさい.
   (i) dE_z を半球内で積分して, E_z を求めなさい.
   (j) E_x, E_y はどうなるか, 説明しなさい.

第3章 [解答例]

1. (a) 次のような図になる.

```
     dE_x           λ
 ←────●──────────●──●──→ x
      O   a      x dx  b
```

電荷の分布が1次元なので,電荷の線密度 λ に線分の長さ dx をかけると電荷が求まる.

$$dq = \lambda\, dx$$

(b) 原点の電場は x 成分だけなので,$d\vec{E}$ の大きさが dE_x の大きさとなる.従って,おさらいの式 (3.3) より

$$|dE_x| = |d\vec{E}| = \frac{1}{4\pi\varepsilon_0}\frac{|dq|}{x^2}$$

である.ここで,$d\vec{E}$ は x 軸の負の向きなので,$d\vec{E}$ の x 成分である dE_x は負である.また,λ が正なので,(a) より dq も正である.それらを考えて絶対値を外すと,

$$dE_x = -\frac{1}{4\pi\varepsilon_0}\frac{dq}{x^2}$$

となる.さらに,(a) の結果を代入して

$$dE_x = -\frac{1}{4\pi\varepsilon_0}\frac{\lambda\, dx}{x^2}$$

としてもよい.

(c) $\lambda(x) = cx$ という電荷分布を作ることができるのかどうかはさておき $\cdots$ おさらいの式 (3.5) に,(b) の結果を代入し,積分範囲 (電荷のある範囲) が $x = a \sim b$ であることから,

$$E_x = \int_{x=a}^{x=b} dE_x = -\frac{1}{4\pi\varepsilon_0}\int_a^b \frac{\lambda\, dx}{x^2}$$
$$= -\frac{1}{4\pi\varepsilon_0}\int_a^b \frac{cx\, dx}{x^2}$$
$$= -\frac{c}{4\pi\varepsilon_0}\int_a^b \frac{dx}{x}$$
$$= -\frac{c}{4\pi\varepsilon_0}\Big[\log x\Big]_a^b$$
$$= -\frac{c}{4\pi\varepsilon_0}(\log b - \log a)$$
$$= -\frac{c}{4\pi\varepsilon_0}\log\frac{b}{a} \quad \left(=\frac{c}{4\pi\varepsilon_0}\log\frac{a}{b}\right)$$

である.最後のかっこ内の式も正解ではあるが,かっこの前の式の方が E_x が負であることがわかりやすい.

ちなみに,電場は x 成分だけとなるので,E_x の大きさは,すなわち電場の大きさでもある.

2. (a) 次のような図になる.

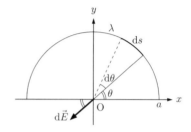

半径 a と中心角 $d\theta$ と弧の長さ ds は,

$$ds = a\, d\theta$$

この関係式を忘れたら,「ピザの扇型の一切れと丸々一枚」を思い浮かべよう.一切れの「弧の長さ」と,丸々一枚の弧の長さ $= 2\pi \times$「半径」の比は,一切れの「中心角」と,丸々一枚の中心角 $= 2\pi$ の比に等しいので,

$$\frac{\text{「弧の長さ」}}{2\pi \times \text{「半径」}} = \frac{\text{「中心角」}}{2\pi}$$

となる.角度はラジアンであることに注意.これを整理すると,

$$\text{「弧の長さ」} = \text{「半径」} \times \text{「中心角」}$$

となる.

(b) 電荷分布が1次元の場合,おさらいの式 (3.10) のように電荷の線密度と分布領域の長さの積で電荷が得られるから,

$$dq = \lambda\, ds$$

さらに (a) を代入すると

$$dq = \lambda a\, d\theta$$

(c) おさらいの式 (3.1) より,$d\vec{E}$ の向き,つまり $\vec{x} - \vec{x}'$ の向きを考えると,(a) の図のよ

うになる．ここで，$\vec{x}$ は原点 ($\vec{E}$ を考える点)，$\vec{x}'$ は微小線分 ds (の始点) の位置である．

(d) 電荷は dq，そして dq から原点 O までの距離は a．これらをおさらいの式 (3.2) に代入すると，

$$dE = \frac{1}{4\pi\varepsilon_0} \frac{dq}{a^2}$$

(e) 図を見ながら，符号に注意して，

$$\begin{cases} dE_x = -dE\cos\theta \\ dE_y = -dE\sin\theta \end{cases}$$

これで，おさらいの式 (3.3) を求めたことになる．

(f) (e) の dE_y に (d) と (b) を代入して整理すると，

$$dE_y = -\frac{1}{4\pi\varepsilon_0 a^2}\sin\theta\, dq$$
$$= -\frac{\lambda}{4\pi\varepsilon_0 a}\sin\theta\, d\theta$$

(g) 半円なので，$\underline{\theta : 0 \longrightarrow \pi}$

(h) おさらいの式 (3.6) のように，(f) を半円上で積分する (足し上げる)．

$$E_y = \int_{\theta=0}^{\theta=\pi} dE_y$$
$$= -\frac{\lambda}{4\pi\varepsilon_0 a}\int_0^\pi \sin\theta\, d\theta$$
$$= -\frac{\lambda}{4\pi\varepsilon_0 a}\Big[-\cos\theta\Big]_0^\pi$$
$$= -\frac{\lambda}{4\pi\varepsilon_0 a}(-\cos\pi + \cos 0)$$
$$= -\frac{\lambda}{2\pi\varepsilon_0 a}$$

(i) $\underline{E_x = E_z = 0}$

いきなり答を書いてしまったが，まず z 成分に関しては，$dE_z = 0$ なのでおさらいの式 (3.7) の積分を行うと E_z も 0 である．

次に x 成分に関して考える．ある線素 ds について，y 軸に対して ds と対称な位置に ds' が存在する．ds と ds' が点 O に作る電場の

x 成分 dE_x と dE_x' は，大きさが同じで符号が逆なので打ち消し合う．従って，E_x を求めるおさらいの式 (3.5) の積分を行うときに，ds と ds' を組みにすると $dE_x + dE_x' = 0$ となって，積分の結果も 0 になる．

別解として，E_x に関しては (e) で dE_x を求めているので，

$$E_x = \int_{\theta=0}^{\theta=\pi} dE_x$$

を計算してもよい (余力があったらやってみよう)．

$$E_x = \int_{\theta=0}^{\theta=\pi} dE_x$$
$$= -\frac{\lambda}{4\pi\varepsilon_0 a}\int_0^\pi \cos\theta\, d\theta$$
$$= -\frac{\lambda}{4\pi\varepsilon_0 a}\Big[\sin\theta\Big]_0^\pi$$
$$= -\frac{\lambda}{4\pi\varepsilon_0 a}(\sin\pi - \sin 0) = 0$$

3. (a) 次のような図になる．

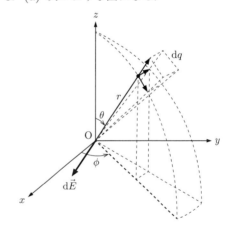

(b) r, θ, ϕ の微小変位 $dr, d\theta, d\phi$ によって生じる微小な直方体 (この微小体積を体積素片とも言う) を考える．直方体と言っても，曲線 (弧状) になっている辺もあるが，最終的にどんどん微小にしていけば，曲線部分も直線とみなせるようになる．

さて，まず動径 (r) 方向の微小変位 $\underline{dr}$ は直方

体の一辺になっている．つまり
$$(r,\theta,\phi) \longrightarrow (r+dr,\theta,\phi)$$
の部分である．

次に，θ の微小変位 $d\theta$ によってできる直方体の一辺，つまり
$$(r,\theta,\phi) \longrightarrow (r,\theta+d\theta,\phi)$$
の部分は，中心角が $d\theta$，半径が r の扇形の弧に対応する．従って，その長さは $\underline{r\,d\theta}$ である．次の図を参照．この図は (a) の図とは別のアングルから見た図である．

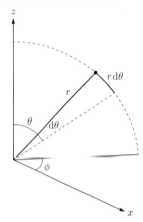

最後に，ϕ の微小変位 $d\phi$ によってできる直方体の一辺，つまり
$$(r,\theta,\phi) \longrightarrow (r,\theta,\phi+d\phi)$$
の部分も，扇形の弧に対応するが，その中心角は $d\phi$ ではない！ この扇形 (A と呼ぶことにする) を xy 平面に射影した扇形 (B と呼ぶことにする) の中心角が $d\phi$ である．

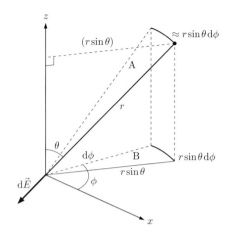

ややこしいので，図を描いてみた．これも (a) の図とは別のアングルから見た図になっている．(a) の図の $d\vec{E}$ が見づらいので，この図にも描いてみたが，ここでは気にしなくてよい．

さて，扇形 A の弧の長さは扇形 B の弧の長さに等しい (厳密にはずれがあるかもしれない！？ 細かいことは気にしない．なんたって **微小量** なんだから)．それでは扇形 B の半径は？ 扇形 B は扇形 A の射影だから，その半径は $r\sin\theta$ である．結局，扇形 B の弧の長さ ($=$ 扇形 A の弧の長さ) は，$\underline{\underline{r\sin\theta\,d\phi}}$ となる．

これで直方体の三辺がわかったので，その体積 dV は
$$\begin{aligned}dV &= dr \times r\,d\theta \times r\sin\theta\,d\phi \\ &= \underline{r^2\sin\theta\,dr\,d\theta\,d\phi}\end{aligned}$$
となる．

[別解]

上記の物理っぽい求め方に対して，3次元直交座標系 (x,y,z) での体積素片
$$dV = dx\,dy\,dz$$
を球面座標系 (3次元極座標系) (r,θ,ϕ) に変

換する数学の手続を使ってもよい．重積分 (変数が複数ある積分) での変数変換は
$$\iiint \cdots dx\,dy\,dz$$
$$= \iiint \cdots \left|\frac{\partial(x,y,z)}{\partial(r,\theta,\phi)}\right| dr\,d\theta\,d\phi$$
絶対値のような記号は行列式であり，その中身はヤコビ行列である．その行列式が，変数変換をしたときに現れる換算係数である．
$$\frac{\partial(x,y,z)}{\partial(r,\theta,\phi)} = \begin{pmatrix} \frac{\partial x}{\partial r} & \frac{\partial x}{\partial \theta} & \frac{\partial x}{\partial \phi} \\ \frac{\partial y}{\partial r} & \frac{\partial y}{\partial \theta} & \frac{\partial y}{\partial \phi} \\ \frac{\partial z}{\partial r} & \frac{\partial z}{\partial \theta} & \frac{\partial z}{\partial \phi} \end{pmatrix}$$
このヤコビ行列に，3次元直交座標と球面座標の変換式
$$\begin{cases} x = r\sin\theta\cos\phi \\ y = r\sin\theta\sin\phi \\ z = r\cos\theta \end{cases}$$
を代入して，行列式を求めると
$$\left|\frac{\partial(x,y,z)}{\partial(r,\theta,\phi)}\right| = r^2\sin\theta$$
が得られる．まとめると，
$$dV = dx\,dy\,dz$$
$$= \left|\frac{\partial(x,y,z)}{\partial(r,\theta,\phi)}\right| dr\,d\theta\,d\phi$$
$$= \underline{r^2\sin\theta\,dr\,d\theta\,d\phi}$$
となり，先ほどと同じ結果が得られる．どちらの方法を使うかはお好みでどうぞ．

(c) 3次元の場合，おさらいの式 (3.8) のように「電荷 = 電荷密度 × 体積」なので，
$$\underline{dq = \rho\,dV}$$
ところで，電荷分布が一様なので，この問題の電荷密度 ρ は場所に依らない定数である．

余談：「一様」とは場所によらず同じ状態であることを指し，「一定」とは時間によらず同じ状態であることを指す．「一定」なのに「一様」でない場合もあれば，逆に「一様」なのに「一定」でない場合もある (後者は，値が時間変化するが，同時刻ではどの場所も同じ値になっていればよい)．ここまで，電荷密度の時間変化については触れていないが，実は時間変化しないものを扱っている．その結果，電場も時間変化しない静電場を扱っていることになる．

(d) 図は (a) か，(b) の2つ目の図を見よ．少し錯覚しやすい図なので説明しておくと，$d\vec{E}$ は dq が正電荷なのでそれから遠ざかる向きである．(a) の図で $d\vec{E}$ は x 軸，y 軸，z 軸，全ての軸の負の向きである．そう見えてきましたか？

(e) 電荷は dq，電荷から原点 O までの距離は r である．これらを，おさらいの式 (3.2) に代入すると，
$$dE = \frac{1}{4\pi\varepsilon_0}\frac{dq}{r^2}$$
$dq > 0$ なので，絶対値は省略してある．

(f) 図を見ながら，符号に注意して，
$$\underline{dE_z = -dE\cos\theta}$$
ちなみに，問題ではきかれていないが，
$$\begin{cases} dE_x = -dE\sin\theta\cos\phi \\ dE_y = -dE\sin\theta\sin\phi \end{cases}$$
となる．図を見て確かめてみよう．

(g) (f) の dE_z に (e) と (c) を代入して整理すると，

$$dE_z = -\frac{1}{4\pi\varepsilon_0}\frac{dq}{r^2}\cos\theta$$
$$= -\frac{1}{4\pi\varepsilon_0}\frac{\cos\theta}{r^2}dq$$
$$= -\frac{1}{4\pi\varepsilon_0}\frac{\cos\theta}{r^2}\rho\,dV$$

後ほど，(b) の結果を dV に代入する．

(h) 解答を示す前に，球の内部を積分する場合 (よく出てくる) について考えよう．次の図を参考にする．

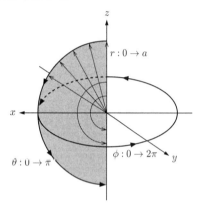

まず，動径 r は $0 \to a$ でよい．そして θ を $0 \to \pi$ で動かすと半円になる．さらに ϕ を $0 \to 2\pi$ で変化させて半円を z 軸の周りに 1 周させると，球内部の全ての領域を積分することになる．

それでは，この問題の場合どうすればよいか？ $z > 0$ の半球で積分するには θ を $0 \to \frac{\pi}{2}$ で動かすと半球になる．

以上をまとめると，半球の積分範囲は

$$\begin{cases} r & : 0 \longrightarrow a \\ \theta & : 0 \longrightarrow \frac{\pi}{2} \\ \phi & : 0 \longrightarrow 2\pi \end{cases}$$

となる．

(i) まず (g) の答に (b) の結果を代入しておく．

$$dE_z = -\frac{\rho}{4\pi\varepsilon_0}\frac{\cos\theta}{r^2}dV$$
$$= -\frac{\rho}{4\pi\varepsilon_0}\sin\theta\cos\theta\,dr\,d\theta\,d\phi$$

半球内の全ての dq について，この dE_z を足し上げる (積分する)．つまり dE_z を (h) の積分範囲で積分する．すると，おさらいの式 (3.7) のように，電場の z 成分 E_z が求まる．

$$E_z = \int dE_z$$
$$= -\frac{\rho}{4\pi\varepsilon_0}\iiint \sin\theta\cos\theta\,dr\,d\theta\,d\phi$$

(変数を分離すると，)

$$= -\frac{\rho}{4\pi\varepsilon_0}\int_0^a dr \int_0^{2\pi} d\phi \int_0^{\frac{\pi}{2}} \sin\theta\cos\theta\,d\theta$$

(θ については倍角の公式で，)

$$= -\frac{\rho}{4\pi\varepsilon_0}\int_0^a dr \int_0^{2\pi} d\phi \int_0^{\frac{\pi}{2}} \frac{\sin 2\theta}{2}d\theta$$

(3 つの積分を独立に行えばよいから，)

$$= -\frac{\rho}{4\pi\varepsilon_0}\times\Big[r\Big]_0^a\times\Big[\phi\Big]_0^{2\pi}\times\Big[-\frac{\cos 2\theta}{4}\Big]_0^{\frac{\pi}{2}}$$
$$= -\frac{\rho}{4\pi\varepsilon_0}\times(a-0)\times(2\pi-0)$$
$$\quad\times\left(-\frac{\cos\pi}{4}+\frac{\cos 0}{4}\right)$$
$$= -\frac{\rho}{4\pi\varepsilon_0}\times a\times 2\pi\times\frac{1}{2} = -\frac{\rho a}{4\varepsilon_0}$$

θ の積分については，倍角の公式を使わずに，置換積分を行ってもよい．例えば

$$\sin\theta = X$$

とする．こうすると，積分変数の変換は，

$$\left(\cos\theta = \frac{dX}{d\theta}\text{ より}\right)$$
$$\cos\theta\,d\theta = dX$$

となる．積分範囲は，

θ	$0 \longrightarrow \frac{\pi}{2}$
X	$0 \longrightarrow 1$

となるので，置換積分を行うと
$$\int_0^{\frac{\pi}{2}} \sin\theta \cos\theta \, \mathrm{d}\theta = \int_0^1 X \, \mathrm{d}X = \left[\frac{1}{2}X^2\right]_0^1 = \frac{1}{2}$$
となって，同じ結果が得られる．

(j) z 軸に対してある体積素片 $\mathrm{d}V$ と対称な位置に $\mathrm{d}V'$ が存在する．$\mathrm{d}V$ と $\mathrm{d}V'$ が点 O に作る電場の xy 平面に平行な成分 $\mathrm{d}\vec{E}_{xy}$ と $\mathrm{d}\vec{E}'_{xy}$ は，大きさが同じで向きが逆なので打ち消し合う．従って，$\vec{E}$ の xy 平面に平行な成分 $\vec{E}_{xy}$ を求める積分を行うときに，$\mathrm{d}V$ と $\mathrm{d}V'$ を組みにすると $\mathrm{d}\vec{E}_{xy} + \mathrm{d}\vec{E}'_{xy} = \vec{0}$ となるので，
$$\vec{E}_{xy} = \int \mathrm{d}\vec{E}_{xy} + \int \mathrm{d}\vec{E}'_{xy} = \vec{0}$$
となる．これより $E_x = E_y = 0$．

別解として，(f) で示した $\mathrm{d}E_x, \mathrm{d}E_y$ を積分してもよい．(余力があったらやってみよう)．x 成分だけ示しておく．(f) で示した $\mathrm{d}E_x$ に，まず (e) の結果を代入して，さらに (b) の結果を代入すると，
$$\mathrm{d}E_x = -\frac{1}{4\pi\varepsilon_0} \frac{\sin\theta \cos\phi}{r^2} \rho \, \mathrm{d}V$$
$$= -\frac{\rho}{4\pi\varepsilon_0} \sin^2\theta \cos\phi \, \mathrm{d}r \, \mathrm{d}\theta \, \mathrm{d}\phi$$
これより，
$$E_x = \int \mathrm{d}E_x$$
$$= -\frac{\rho}{4\pi\varepsilon_0} \iiint \sin^2\theta \cos\phi \, \mathrm{d}r \, \mathrm{d}\theta \, \mathrm{d}\phi$$
(変数を分離すると，)
$$= -\frac{\rho}{4\pi\varepsilon_0} \int_0^a \mathrm{d}r \int_0^{2\pi} \cos\phi \, \mathrm{d}\phi \int_0^{\frac{\pi}{2}} \sin^2\theta \, \mathrm{d}\theta$$
r, ϕ, θ のどの積分もできるが，ϕ について取り上げると
$$\int_0^{2\pi} \cos\phi \, \mathrm{d}\phi = \left[\sin\phi\right]_0^{2\pi}$$
$$= (\sin 2\pi - \sin 0) = 0$$

よって，r, θ の積分をするまでもなく
$$E_x = 0$$
である．E_y も似たようなものである．後は任せた．

第 3 章 おしまい… お疲れ様でした．

第4章

電場 (ガウスの法則)

この章中の記号や条件等の説明

$\bullet\ \vec{A}, \vec{a}, \vec{x}, \boldsymbol{A}, \boldsymbol{a}, \boldsymbol{x}$	ベクトルは矢印や太字 (黒板では二重線) で表されるが，本書では矢印表記を用いる．
$\bullet\ \varepsilon_0$	真空の誘電率．
$\bullet\ \vec{x} = (x, y, z)$	場所を表すベクトル．
$\bullet\ \vec{E}(\vec{x}) = (E_x, E_y, E_z)$	場所 $\vec{x}$ での電場ベクトル．
$\quad = (E_x(\vec{x}), E_y(\vec{x}), E_z(\vec{x}))$	(ちょっとややこしいけど) 詳しく書いてみた．
$\bullet\ \lambda,\ \sigma,\ \rho$	電荷の線密度，面密度，体積密度．
$\bullet\ \vec{\nabla} \equiv \left(\dfrac{\partial}{\partial x}, \dfrac{\partial}{\partial y}, \dfrac{\partial}{\partial z}\right)$	ナブラ (ベクトル形の演算記号)．
$\bullet\ \mathrm{div}\ (\equiv \vec{\nabla}\cdot\ )$	divergence(発散) という演算記号． 例：$\mathrm{div}\,\vec{E}\left(=\vec{\nabla}\cdot\vec{E}\right) = \dfrac{\partial}{\partial x}E_x + \dfrac{\partial}{\partial y}E_y + \dfrac{\partial}{\partial z}E_z$ $\qquad = \dfrac{\partial E_x}{\partial x} + \dfrac{\partial E_y}{\partial y} + \dfrac{\partial E_z}{\partial z}$
$\bullet\ \dfrac{\partial}{\partial x},\ \dfrac{\partial}{\partial y},\ \dfrac{\partial}{\partial z}$	偏微分． 例：$\dfrac{\partial}{\partial x}E_x(x,y,z)$ の場合，$E_x(x,y,z)$ に出てくる x だけを変数とみなして微分する．y, z は定数とみなせばよい．
$\bullet\ \mathrm{d}V$	微小体積 (体積素片)
$\bullet\ \mathrm{d}S$	微小面積 (面積素片)
$\bullet\ \vec{n}$	法線ベクトル (面に垂直な単位ベクトル)．

ガウスの法則 (微分形) のおさらい

- 微分形のガウスの法則
$$\mathrm{div}\,\vec{E}(\vec{x}) = \frac{\rho(\vec{x})}{\varepsilon_0} \tag{4.1}$$

- 電荷と電場の関係式である．電荷 (密度) ρ が原因で，電場 $\vec{E}$ が結果として生じる．
- マクスウェル方程式の 1 つである．つまり，電磁気の基本法則を表す式の 1 つである．

ガウスの定理のおさらい

- 一般のベクトル $\vec{E}$ について，ある閉じた領域で
$$\int_{\mathrm{V}} \mathrm{div}\,\vec{E}\,\mathrm{d}V = \int_{\mathrm{S}} \vec{E}\cdot\vec{n}\,\mathrm{d}S \tag{4.2}$$
が成り立つ．V は領域内部，S は領域表面．定理なので証明が必要 (ベクトル解析などで習うだろう)．ここでは結果だけを使う．
- この定理を使うとガウスの法則を微分形から積分形に変形できる．

ガウスの法則 (積分形) のおさらい

- 積分形のガウスの法則 (微分形から導かれる)
閉じた積分領域を考え，その表面を S，内部を V とすると，
$$\int_{\mathrm{S}} \vec{E}\cdot\vec{n}\,\mathrm{d}S = \frac{1}{\varepsilon_0}\int_{\mathrm{V}} \rho\,\mathrm{d}V \tag{4.3}$$
実際の計算に役立つのは微分形よりもこの積分形．

- 左辺は，電場 $\vec{E}$ についての S 上の面積分で，
$$\int_{\mathrm{S}} \vec{E}\cdot\vec{n}\,\mathrm{d}S = \int_{\mathrm{S}} E_n\,\mathrm{d}S \tag{4.4}$$
$\vec{n}$ は単位ベクトルで，かつ $\mathrm{d}S$ に垂直な法線ベクトルである．そして，S 上で外向きである．$E_n(=\vec{E}\cdot\vec{n})$ は $\vec{E}$ の $\vec{n}$ 方向成分．

- 右辺は，電荷 (ρ は V 内の電荷密度) についての V 内の体積分で，
$$\frac{1}{\varepsilon_0}\int_{\mathrm{V}} \rho\,\mathrm{d}V = \frac{1}{\varepsilon_0}\int_{\mathrm{V}} \mathrm{d}q = \frac{1}{\varepsilon_0}\left(\text{V 内の全電荷}\right) \tag{4.5}$$

- 左辺で S を通って V から出ていく電場の量を求め，右辺で V 内の全電荷量を求めている．これは，V 内の電荷 ρ が原因で，V の表面 S に電場 $\vec{E}$ が結果として生じることを表している．

第4章 電場 (ガウスの法則)

1. 点電荷による電場

> 負の点電荷 $-Q$ がある．点電荷から距離 r の点にできる電場の大きさ E をガウスの法則 (積分形) で求める．ガウスの法則の積分領域として，点電荷を中心とする球面 S，その内部 V を考える．

(a) 球面 S 上での電場 $\vec{E}$ と法線ベクトル $\vec{n}$ を図示しなさい．

(b) $\left|\vec{E}\right| = E$ とする．球面 S 上では $\vec{E} \cdot \vec{n}$ はどうなるか？

(c) ガウスの法則の左辺 (面積分) を書き，結果を求めなさい．

(d) ガウスの法則の右辺 (体積分) を書き，結果を求めなさい．

(e) ガウスの法則より，電場の大きさ E を求めなさい．

2. 平面に一様分布する電荷による電場

> 無限に広がった xy 平面に，面密度 $\sigma(>0)$ の電荷が一様に分布している．平面から距離 z の点 P の電場の強さ E を，ガウスの法則を用いて求める．
> まず xy 平面に垂直で点 P を通る直線を中心軸に持つ円筒を考える．円筒側面を S_0 とする．点 P は円筒の上面 S_1 の中心に位置し，円筒底面 S_2 は xy 平面に対して S_1 とは対称に位置する．
> $S_0 + S_1 + S_2$ の閉曲面で囲まれた領域にガウスの法則を適用する．

(a) S_0, S_1, S_2 の各面における電場と法線ベクトルを図示しなさい．

(b) 円筒側面 S_0 での面積分 $\int_{S_0} \vec{E} \cdot \vec{n} \, dS$ はどうなるか？ $\vec{n}$ は円筒表面の (外向きの) 法線ベクトルである．

(c) 円筒上面 S_1 での面積分 $\int_{S_1} \vec{E} \cdot \vec{n} \, dS$ を，点 P の電場の大きさ E と上面 S_1 の面積 A を用いて求めなさい．

(d) 円筒底面 S_2 での面積分 $\int_{S_2} \vec{E} \cdot \vec{n} \, dS$ はどうなるか？

(e) 全表面 $S = S_0 + S_1 + S_2$ についてガウスの法則の左辺 (面積分) $\int_S \vec{E} \cdot \vec{n} \, dS$ はどうなるか？

(f) 円筒内の全電荷を求めなさい．

(g) ガウスの法則の右辺 (体積分) $\dfrac{1}{\varepsilon_0} \int_V \rho \, dV$ はどうなるか？

(h) ガウスの法則より，点 P の電場 E を求めなさい．

3. 球殻表面に一様分布する電荷による電場

> 半径 a の球殻表面に電荷が一様に分布している．球殻の中心を原点 O，球殻表面の総電荷量を $Q\,(>0)$ とする．球殻の内外の電場の強さをガウスの法則を用いて求める．

(a) 原点 O から距離 r の点 P における電場の強さを $E(r)$ とする．$r > a$ について，電場の向きを図示しなさい．

(b) その向きになる理由を説明しなさい (ヒント：対称，対称性などの言葉を使う)．

(c) 原点 O を中心とする半径 r の球面上で，ガウスの法則の積分形を適用して，球殻外部 ($r > a$) の $E(r)$ を求めなさい．

(d) 同じようにガウスの法則の積分形を球殻内部の半径 r の球面上に適用して，$E(r)$ を求めなさい ($r < a$)．

第4章 [解答例]

1. この問題の答え，つまり電場の大きさは覚えているはずである．しかし，あえてガウスの法則を適用して求める．従って，途中で E にクーロンの法則から得られる電場の式を代入するとわけがわからなくなることに注意．

(a) 下図のようになる (但し，断面図)．中心の電荷が負なので，電場ベクトル $\vec{E}$ は球面 S の内側に向く．法線ベクトル $\vec{n}$ は (ガウスの法則では常に) 外向きである．

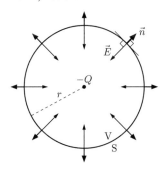

(b) $\vec{E}$ と $\vec{n}$ のなす角 θ は $180°$ (π ラジアン) なので (このように，平行だけど向きが逆の場合，「反平行」と呼ぶ)，
$$\vec{E}\cdot\vec{n} = \left|\vec{E}\right|\left|\vec{n}\right|\cos\theta = E\cdot 1\cdot\cos\pi = \underline{-E}$$

(c) おさらいの式 (4.4) からスタートする．
$$\underline{\int_S \vec{E}\cdot\vec{n}\,dS} = \int_S (-E)\,dS$$
$$((b) の答を代入した)$$
$$= -E\int_S dS$$
$$(E は S 上で定数だから)$$
$$= -E \times (球面 S の表面積)$$
$$= \underline{-E\,4\pi r^2}$$

(d) おさらいの式 (4.5) からスタートする．V 内の電荷密度を ρ と表現し (ρ はどんな形かわからなくてもよい)，
$$\underline{\frac{1}{\varepsilon_0}\int_V \rho\,dV} = \frac{1}{\varepsilon_0}(V 内の全電荷)$$
$$= \frac{1}{\varepsilon_0}(-Q) = \underline{-\frac{Q}{\varepsilon_0}}$$

(e) ガウスの法則 (おさらいの式 (4.3)) より，(c) と (d) の結果は等しいので，
$$-E\,4\pi r^2 = -\frac{Q}{\varepsilon_0}$$
$$E = \underline{\frac{1}{4\pi\varepsilon_0}\frac{Q}{r^2}}$$

以上のように，電場の向きは (a) の図のように内向きで，その大きさは公式として知っているものと確かに同じである．点電荷の作る電場が，電磁気の基本法則の1つであるガウスの法則 (マクスウェル方程式の1つ) から導けることがわかった．

余談であるが，もし (a) の図で電場 $\vec{E}$ の向きがわからなくて (本当にわからないというのは，この問題の場合はちょっとまずいが···よく復習すべし)，とりあえず外向きに描いたいたらどうなるか？
そのときは，$\vec{E}$ と $\vec{n}$ が平行なので (b) で，
$$\vec{E}\cdot\vec{n} = E\cdot 1\cdot\cos\underline{0} = E$$
となって，最後の (e) の答が
$$E = -\frac{1}{4\pi\varepsilon_0}\frac{Q}{r^2}$$
となる．大きさ (つまり正) である E が負になる意味は？ そう，「実際の電場の向きは，はじめに描いた向きとは逆ですよ」ということです．外向きを正として E を描いたら，結果が負になった．実は E は内向きだったのだ．

2. (a) 図は次のようになる．左図は立体的だが，錯覚しやすいので，詳しくは右図の断面図に描き込んだ．

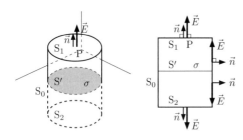

上面 S_1 と底面 S_2 上の $\vec{E}$ は向きが逆だが,大きさは等しいので (∵ 電荷から等距離だから), $|\vec{E}| = E$ としておく.側面 S_0 の $\vec{E}$ は面 S_0 に沿っているが,大きさは場所によるかもしれない (実は場所に依らない).

(b) まず積分の中身 $\vec{E} \cdot \vec{n}$ を調べておこう.図より側面 S_0 では $\vec{E}$ と $\vec{n}$ が直交するので,

$$\vec{E} \cdot \vec{n} = |\vec{E}||\vec{n}|\cos\frac{\pi}{2} = 0$$

である.これより,

$$\int_{S_0} \vec{E} \cdot \vec{n}\, dS = \int_{S_0} 0\, dS = \underline{0}$$

(c) これもまず積分の中身 $\vec{E} \cdot \vec{n}$ を調べておこう.図より上面 S_1 では $\vec{E}$ と $\vec{n}$ が平行なので,

$$\vec{E} \cdot \vec{n} = |\vec{E}||\vec{n}|\cos 0 = E$$

である.S_1 上のどの点から見ても電荷分布は同等なので (電荷が xy 平面上に無限に広がっているためである),S_1 上では E が定数であることに注意して (つまり,S_1 上での面積分の外に出せる),

$$\int_{S_1} \vec{E} \cdot \vec{n}\, dS = \int_{S_1} E\, dS = E\int_{S_1} dS = \underline{EA}$$

$$\left(\int_{S_1} dS = (S_1 \text{の面積}) = A \text{ を使った}\right)$$

(d) この積分の中身 $\vec{E} \cdot \vec{n}$ は,図の底面 S_2 を見ると (c) と同じように $\vec{E}$ と $\vec{n}$ が平行なので,

$$\vec{E} \cdot \vec{n} = |\vec{E}||\vec{n}|\cos 0 = E$$

である.また,S_2 の面積は S_1 と同じ A なので,

$$\int_{S_2} \vec{E} \cdot \vec{n}\, dS = \int_{S_1} E\, dS = E\int_{S_2} dS = \underline{EA}$$

$$\left(\int_{S_2} dS = (S_2 \text{の面積}) = A \text{ を使った}\right)$$

E が S_2 上の面積分の外に出せる理由は,(c) と同様に S_2 上で E が一定だからである.

(e) (b)〜(d) より,ガウスの法則の左辺の面積分 (おさらいの式 (4.4)) は

$$\int_S \vec{E} \cdot \vec{n}\, dS$$
$$= \int_{S_0} \vec{E} \cdot \vec{n}\, dS + \int_{S_1} \vec{E} \cdot \vec{n}\, dS + \int_{S_2} \vec{E} \cdot \vec{n}\, dS$$
$$= 0 + EA + EA$$
$$= \underline{2EA}$$

(f) 円筒内で電荷が存在するのは,円筒真ん中の面積 A の円内 (後の解説で使うのでこの面を S' としておく) である.この部分の電荷を Q とすると,

$$Q = (\text{電荷の面密度}) \times (\text{面積}) = \underline{\sigma A}$$

(g) おさらいの式 (4.5) より,

$$\frac{1}{\varepsilon_0}\int_V \rho\, dV = \frac{1}{\varepsilon_0}(V \text{内の全電荷})$$
$$= \frac{Q}{\varepsilon_0} = \underline{\frac{\sigma A}{\varepsilon_0}}$$

あれ? この問題では電荷の面密度が与えられているのに,上式のはじめの積分には,電荷密度として単位体積あたりの電荷 ρ が使われている.これでいいの?

[解説] 上式の出だしの式は「S で囲まれた領域 V 内の電荷を計算する」という意味を表す式です.この意味を汲んで式を書き直すと,電荷を求める積分は,電荷の存在する S' 上

の面積分になる.
$$\frac{1}{\varepsilon_0}\int_V \rho\, dV = \frac{1}{\varepsilon_0}\int_{S'}\sigma\, dS$$
$$= \frac{\sigma}{\varepsilon_0}\int_{S'} dS$$
$$= \frac{\sigma A}{\varepsilon_0}$$

出だしの式は，ρ が与えられてそのまま計算を行うこともあるが，電荷が V の一部に局在する場合は，おさらいの式 (4.5) の出だしの式の意味を考えて，1 つ前の問題 1. のように積分など行わずに答を得たり，この問題のように体積分ではなく面積分を行ったりすることがある.

(h) ガウスの法則 (おさらいの式 (4.3)) より，(e) と (g) の結果は等しいので，
$$2EA = \frac{\sigma A}{\varepsilon_0}$$
$$\therefore E = \underline{\frac{\sigma}{2\varepsilon_0}}$$

3. (a) 点 P の電場 $E(r)$ は次のような図になる.

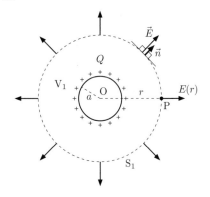

図には点 P 以外にも，半径 r の球面 S_1 上の電場 $\vec{E}$ と法線ベクトル $\vec{n}$ を描き込んだ.

ところで，余談だが「球殻」という単語は広辞苑に出ていなかった (てっきり，あると思っていた). 球状の殻ということだ. 球面とほぼ同じだが，球殻は厚みを意識した単語である. 玉子の殻のようなイメージだ. ちなみにこのワープロでは「きゅうかく」を変換すると，ちゃんと「球殻」となった.

(b) 球面 S_1 上の電場は図のように中心から放射状の向きになる. その理由は，<u>点 P から見た電荷の分布が OP 軸に関して軸対称になっているからである</u>. このため，球殻上の微小部分 dS の電荷が点 P に作る微小電場 dE の OP 軸に垂直な成分は，OP 軸に関して dS と対称な位置にある球殻上の微小部分 dS' の電荷が点 P に作る微小電場 dE' の OP 軸に垂直な成分と，大きさが同じで向きが逆となるために打ち消し合う. その結果，OP 軸に垂直な電場の成分はゼロになる.

ちょっと長いので，下線部くらいが書ければよい. その下の詳細な説明の意味は，自分で図を描いて理解してみよう.

(c) (a) の図の点線で示した半径 r の球面 S_1 とその内部 V_1 にガウスの法則 (の積分形) を適用する.

まずは，ガウスの法則の左辺の面積分 (おさらいの式 (4.4)) から始めよう. 積分の中身 $\vec{E}\cdot\vec{n}$ を調べておくと，図より球面 S_1 上では $\vec{E}$ と $\vec{n}$ が平行なので，
$$\vec{E}\cdot\vec{n} = |\vec{E}||\vec{n}|\cos 0 = E$$
である. この E は，電荷分布と S_1 の双方の対称性より，球面 S_1 上で定数である. これより，
$$\int_{S_1}\vec{E}\cdot\vec{n}\, dS = \int_{S_1} E\, dS$$
$$(E\text{ は }S_1\text{ 上で定数なので})$$
$$= E\int_{S_1} dS$$
$$= E \times (\text{球面 }S_1\text{ の面積})$$
$$= E\, 4\pi r^2$$

次はガウスの法則の右辺の体積分 (おさらいの式 (4.5)) だ.

$$\frac{1}{\varepsilon_0}\int_{V_1}\rho\,dV = \frac{1}{\varepsilon_0}\times(\text{V}_1\text{内の全電荷})$$
$$= \frac{1}{\varepsilon_0}Q = \frac{Q}{\varepsilon_0}$$

出だしの式は，V 内の電荷密度を ρ と表現しているが，ρ はどんな形かわからなくてもよい．その式の意味を理解していれば，この問題も積分なんかしなくてもすむのである．
ガウスの法則より上の面積分と体積分が等しい (おさらいの式 (4.3)) ので，

$$E\,4\pi r^2 = \frac{Q}{\varepsilon_0}$$
$$\therefore E = \frac{1}{4\pi\varepsilon_0}\frac{Q}{r^2}$$

ちなみに，点電荷 Q が中心にある場合と同じ結果になっています．電荷は半径 a の球殻上に広がっているにもかかわらず，あたかもその中心に全電荷が集中しているかのごとく $\cdots$．

(d) 次の図の内側の点線で示した半径 $r(<a)$ の球面 S_2 とその内部 V_2 にガウスの法則を適用する．

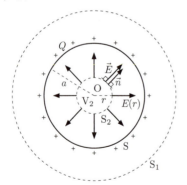

図には球面 S_2 上の電場を外向きに描いたが，実は自信がない．もしかしたら，内向きかもしれない．困った．しかし，電荷分布の対称性から電場の方向は放射状になるはずだ．外向きでなければ電場が負として求まるだけだ．ということで，外向きか内向きかは気にせずに進める．

まずは，ガウスの法則の左辺の面積分．積分の中身は，球面 S_2 上では $\vec{E}$ と $\vec{n}$ が平行なので，

$$\vec{E}\cdot\vec{n} = E$$

である．また，対称性より E は S_2 上では定数である．これより，

$$\int_{S_2}\vec{E}\cdot\vec{n}\,dS = \int_{S_2}E\,dS$$
$$= E\int_{S_2}dS$$
$$= E\times(\text{球面 }S_2\text{の面積})$$
$$= E\,4\pi r^2$$

次はガウスの法則の右辺の体積分．

$$\frac{1}{\varepsilon_0}\int_{V_2}\rho\,dV = \frac{1}{\varepsilon_0}\times(\text{V}_2\text{内の全電荷})$$
$$= \frac{1}{\varepsilon_0}\times 0 = 0$$

これも，積分なんかしなくても全電荷を求められた．結局，ガウスの法則より上記の面積分と体積分が等しいので，

$$E\,4\pi r^2 = 0$$
$$\therefore \underline{E = 0}$$

電場の向きを気にしたが，実は 0 だった．

第 4 章 おしまい $\cdots$ お疲れ様でした．

第5章

静電位 (静電ポテンシャル)

この章中の記号や条件等の説明

• $\vec{A}, \vec{a}, \vec{x}, \boldsymbol{A}, \boldsymbol{a}, \boldsymbol{x}$	ベクトルは矢印や太字 (黒板では二重線) で表されるが，本書では矢印表記を用いる．
• $\vec{x} = (x, y, z)$	場所を表すベクトル．
• $\vec{x'} = (x', y', z')$	積分経路上など，$\vec{x}$とは別の場所を表すベクトル．
• $\vec{x}_0 = (x_0, y_0, z_0)$	静電位や位置エネルギーの基準点を表すベクトル．
• $\vec{E}(\vec{x}) = (E_x, E_y, E_z)$	場所 $\vec{x}$ での電場ベクトル．
$\quad = (E_x(\vec{x}), E_y(\vec{x}), E_z(\vec{x}))$	(ちょっとややこしいけど) 詳しく書いてみた．
$\quad = (E_x(x,y,z), E_y(x,y,z), E_z(x,y,z))$	さらに詳しく書いてみた．
• $\phi(\vec{x}) = \phi(x, y, z)$	場所 $\vec{x}$ での静電位 (静電ポテンシャル)．
• ε_0	真空の誘電率．
• λ, σ, ρ	電荷の線密度，面密度，体積密度．
• $\vec{\nabla} \equiv \left(\dfrac{\partial}{\partial x}, \dfrac{\partial}{\partial y}, \dfrac{\partial}{\partial z} \right)$	ナブラ (ベクトル形の演算記号)．
• grad $(\equiv \vec{\nabla})$	gradient(傾き) という演算記号．ナブラと同じ． 例：grad $\phi \left(= \vec{\nabla} \phi \right)$ $= \left(\dfrac{\partial}{\partial x}\phi, \dfrac{\partial}{\partial y}\phi, \dfrac{\partial}{\partial z}\phi \right) = \left(\dfrac{\partial \phi}{\partial x}, \dfrac{\partial \phi}{\partial y}, \dfrac{\partial \phi}{\partial z} \right)$

静電位 (静電ポテンシャル) のおさらい

- 静電位 (静電ポテンシャル) $\phi(\vec{x})$ は，電場中のある場所 $\vec{x}$ における，単位電荷あたりの位置エネルギーに相当する．
- 微分形 で表すと

$$\vec{E}(\vec{x}) = -\vec{\nabla}\phi(\vec{x}) \quad (= -\mathrm{grad}\,\phi(\vec{x})) \tag{5.1}$$

$$= \left(-\frac{\partial \phi(\vec{x})}{\partial x}, -\frac{\partial \phi(\vec{x})}{\partial y}, -\frac{\partial \phi(\vec{x})}{\partial z} \right) \tag{5.2}$$

特に，1次元の場合

$$E(x) = -\frac{\mathrm{d}\phi(x)}{\mathrm{d}x} \tag{5.3}$$

- 積分形 は，式 (5.3) を変形する．次の不定積分または定積分が導ける．

$$\phi(x) = -\int E(x)\,\mathrm{d}x \tag{5.4}$$

$$\phi(x) - \phi(x_0) = \int_x^{x_0} E(x')\,\mathrm{d}x' \tag{5.5}$$

- 3次元の積分形は次のようになる (定積分の方は積分経路上の点を $\vec{x}'$ とする)．

$$\phi(\vec{x}) = -\int \vec{E}(\vec{x}) \cdot \mathrm{d}\vec{x} \tag{5.6}$$

$$\phi(\vec{x}) - \phi(\vec{x}_0) = \int_{\vec{x}}^{\vec{x}_0} \vec{E}(\vec{x}') \cdot \mathrm{d}\vec{x}' \tag{5.7}$$

- 静電位 $\phi(\vec{x})$ 中の $\vec{x}$ にある電荷 q を持った粒子の位置エネルギー $U(\vec{x})$ は，$\phi(\vec{x})$ が単位電荷あたりの位置エネルギーであることから，

$$U(\vec{x}) = q\,(\phi(\vec{x}) - \phi(\vec{x}_0)) \tag{5.8}$$

である．但し，$\vec{x}_0$ は位置エネルギーの基準点である．

名無しの法則 (渦無しの法則) のおさらい

- マクスウェル方程式の1つであるファラデーの法則 (第13章) において，磁束密度 $\vec{B}$ が無く，電場 $\vec{E}$ だけの場合である．その微分形は，

$$\mathrm{rot}\,\vec{E} = 0 \tag{5.9}$$

である (rot については第11章の式 (11.4) 参照)．積分形は，ストークスの定理 (第11章の式 (11.6) 参照) を使って変形すると，

$$\oint_C \vec{E} \cdot \mathrm{d}\vec{x} = 0 \tag{5.10}$$

である．これは，式 (5.7) で，$\vec{x}$ から閉じた経路 C を通って $\vec{x}$ に戻ってくる場合である．

1. 点電荷による静電位

正の点電荷 Q がある．点電荷から距離 r の点の静電位 $\phi(r)$ を求める．

(a) $E(r)$ を書きなさい．
(b) $E(r)$ から $\phi(r)$ を求めなさい．但し，積分定数を C としなさい．
(c) 無限遠で静電位が 0 であるとする．つまり，
$$\lim_{r \to \infty} \phi(r) = 0$$
のとき，C はどうなるか？
(d) r を横軸，$\phi(r)$ を縦軸にとってグラフを描きなさい．
(e) 電荷 $q(>0)$ を持った粒子を無限遠から $r = a$ のところまで持ってきた．この粒子の位置エネルギーを書きなさい．

2. 静電位から電場を求める

xyz 直交座標系の原点に点電荷 Q がある．この電荷による静電位 $\phi(\vec{x})$ から電場 $\vec{E}(\vec{x})$ を求める．

(a) xyz 直交座標系での静電位 $\phi(\vec{x})$ がわかっているとき，電場 $\vec{E}(\vec{x})$ を求める式を書きなさい．
(b) 点電荷 Q から距離 r の場所 $\vec{r} = (x, y, z)$ の静電位が，$\phi(r) = \dfrac{1}{4\pi\varepsilon_0}\dfrac{Q}{r}$ と求まっているものとする．この ϕ を x, y, z で表しなさい．
(c) $\phi(\vec{x})$ から $\vec{E}(\vec{x})$ の x 成分 $E_x(\vec{x})$ を求めなさい．
(d) 同様に，$\vec{E}(\vec{x})$ の y 成分 $E_y(\vec{x})$，z 成分 $E_z(\vec{x})$ を求めなさい．
(e) $Q > 0$ のとき，$\vec{E}$ の向きはどうなるか？

3. 球内に一様分布する電荷による電場と静電位

半径 a の球の内部に電荷が一様に分布している．この電荷によってできる電場をガウスの法則を用いて求め，電場から電位を求める．

(a) 球内の電荷の合計が Q であるとき，電荷密度 ρ を求めなさい．
(以下の設問では ρ を使ってもよい)
(b) 球の中心から距離 r の点の電場の強さを $E(r)$ とする．ガウスの法則の積分形を適用して，球外部 $(r > a)$ の $E(r)$ を求めなさい．図も描きなさい．
(c) ガウスの法則の積分形を適用して球内部 $(r < a)$ の $E(r)$ を求めなさい．
(d) 中心からの距離 r における静電位を $\phi(r)$ とし，球の内外の静電位を $E(r)$ から求めなさい．但し，無限遠での電位を 0 とする $(\phi(\infty) = 0)$．
(e) $r(>0)$ を横軸，$\phi(r)$ を縦軸にとってグラフを描きなさい．

第5章 [解答例]

1. (a) おさらいの式 (2.5) や式 (2.6) より
$$E(r) = \frac{1}{4\pi\varepsilon_0}\frac{Q}{r^2}$$

(b) 電荷 Q の場所を原点とする r 軸を考える．これは1次元なので，おさらいの式 (5.3) より，
$$E(r) = -\frac{d\phi(r)}{dr}$$
$$\frac{d\phi(r)}{dr} = -E(r)$$
両辺を r で積分すると，
$$\phi(r) = -\int E(r)\,dr$$
(これに (a) の結果を代入すると)
$$= -\int \frac{1}{4\pi\varepsilon_0}\frac{Q}{r^2}\,dr$$
$$= \frac{1}{4\pi\varepsilon_0}\frac{Q}{r} + C$$

この問題は，r について2点の電位差を求めるものではないので，定積分ではなく，不定積分を行った．
ところで，積分の最後のところで
$$\phi(r) = \cdots$$
$$= -\frac{Q}{4\pi\varepsilon_0}\int \frac{1}{r^2}\,dr$$
$$= -\frac{Q}{4\pi\varepsilon_0}\left(-\frac{1}{r} + C\right)$$
$$= \frac{1}{4\pi\varepsilon_0}\frac{Q}{r} - \frac{QC}{4\pi\varepsilon_0}$$
として，あれっ!?と思っている人はいないだろうか？もちろん，これも正解．C は未定なんだから，
$$-\frac{QC}{4\pi\varepsilon_0} \longrightarrow C$$
と置き直せば，同じこと．

(c) $\phi(r)$ の r を無限大にする次式に，(b) の結果を代入すると，
$$\lim_{r\to\infty}\phi(r) = \lim_{r\to\infty}\left(\frac{1}{4\pi\varepsilon_0}\frac{Q}{r} + C\right)$$
$$= C = 0$$

(d) (b),(c) の結果より，
$$\phi(r) = \frac{Q}{4\pi\varepsilon_0}\frac{1}{r}$$
これは反比例のグラフである．但し，r は距離なので $r > 0$．

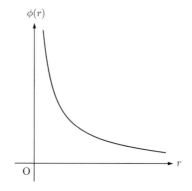

(e) 静電位は単位電荷あたりの位置エネルギーに相当するので，電荷 q の粒子の位置エネルギーは，静電位を q 倍すれば求まる．この問題の静電位 $\phi(r)$ は，無限遠を基準点として，そこでの静電位を 0 としているので，おさらいの式 (5.8) で，
$$\phi(\vec{x}) \to \phi(r)$$
$$\phi(\vec{x}_0) \to \phi(\infty) = 0$$
とすればよい．従って，電荷が q の粒子が r にある場合の位置エネルギー $U(r)$ は
$$U(r) = q\,(\phi(r) - \phi(\infty)) = q\phi(r)$$
よって，$r = a$ での位置エネルギーは，
$$U(a) = q\,\phi(a) = \frac{1}{4\pi\varepsilon_0}\frac{qQ}{a}$$

2. (a) おさらいの式 (5.1) より,
$$\vec{E}(\vec{x}) = \underline{-\vec{\nabla}\phi(\vec{x})} \qquad \text{または,}$$
$$= \underline{-\text{grad}\ \phi(\vec{x})} \qquad \text{または,}$$
$$= \left(-\frac{\partial \phi(\vec{x})}{\partial x}, -\frac{\partial \phi(\vec{x})}{\partial y}, -\frac{\partial \phi(\vec{x})}{\partial z}\right)$$

ここで少しだけ脇道にそれる…球座標 (球面座標) がよくわからなければ読み飛ばしてよい. さて, 距離 r は球座標 (3次元極座標) の動径にあたる. 球座標 (r,θ,ψ) [1] でのナブラ $\vec{\nabla}$ は
$$\vec{\nabla} = \left(\frac{\partial}{\partial r}, \frac{1}{r}\frac{\partial}{\partial \theta}, \frac{1}{r\sin\theta}\frac{\partial}{\partial \psi}\right)$$
である (ここでは説明は省略する). さて, この問題では静電位が球対称なので, θ,ψ 方向へ移動しても静電位は変化しない. つまり, 静電位を θ,ψ で (偏) 微分したらゼロになる. 従って, r 方向の偏微分 $\frac{\partial}{\partial r}$ だけが残り, r 方向の成分だけを持つ電場が求まる. これは, 変数が r だけの 1 次元の問題と捉えるのと等価になる. そして, その方が xyz 座標で考えるよりも簡単だ. この問題は, 敢えて xyz 座標を使う練習をしているというわけだ.

(b) r は原点から (x,y,z) までの距離なので,
$$r = \sqrt{x^2+y^2+z^2}$$
である. これを r に代入すればよいから,
$$\phi(r) = \frac{1}{4\pi\varepsilon_0}\frac{Q}{r}$$
$$= \frac{1}{4\pi\varepsilon_0}\frac{Q}{\sqrt{x^2+y^2+z^2}}$$
これで ϕ を x,y,z で表せた. 改めて書くと,
$$\underline{\phi(\vec{x})\,(=\phi(x,y,z)) = \frac{1}{4\pi\varepsilon_0}\frac{Q}{\sqrt{x^2+y^2+z^2}}}$$

(c) (a) で示した式を使う. この x 成分に (b) の結果を代入すればよい.
$$E_x = -\frac{\partial\phi(\vec{x})}{\partial x}$$
((b) の $\phi(\vec{x})$ を代入すると)
$$= -\frac{\partial}{\partial x}\left(\frac{1}{4\pi\varepsilon_0}\frac{Q}{\sqrt{x^2+y^2+z^2}}\right)$$
$$= -\frac{Q}{4\pi\varepsilon_0}\frac{\partial}{\partial x}\left(\frac{1}{\sqrt{x^2+y^2+z^2}}\right)$$
x での偏微分なので, y,z は定数と思えばよい. この偏微分はよく出てくる.
$$\frac{\partial}{\partial x}\left(\frac{1}{\sqrt{x^2+y^2+z^2}}\right) = \frac{\partial}{\partial x}\left(\frac{1}{r}\right)$$
つまり, $\frac{1}{r}$ の偏微分である. 繁雑になるので, このまま係数なしで偏微分のところだけを進めていくと,
$$\frac{\partial}{\partial x}\left(\frac{1}{r}\right) = \frac{\partial}{\partial x}\left(\frac{1}{\sqrt{x^2+y^2+z^2}}\right)$$
$$= \frac{\partial}{\partial x}(x^2+y^2+z^2)^{-\frac{1}{2}}$$
$$= \left(-\frac{1}{2}\right)(x^2+y^2+z^2)^{-\frac{3}{2}}$$
$$\quad \times \frac{\partial}{\partial x}(x^2+y^2+z^2)$$
$$= \left(-\frac{1}{2}\right)(x^2+y^2+z^2)^{-\frac{3}{2}}\,2x$$
$$= -\frac{x}{(x^2+y^2+z^2)^{\frac{3}{2}}}\left(=-\frac{x}{r^3}\right)$$
これを元の式に戻すと
$$\underline{E_x = \frac{Q}{4\pi\varepsilon_0}\frac{x}{(x^2+y^2+z^2)^{\frac{3}{2}}}}$$

(d) 同様に, y 成分は,
$$E_y = -\frac{\partial\phi(\vec{x})}{\partial y}$$
$$= -\frac{Q}{4\pi\varepsilon_0}\frac{\partial}{\partial y}\left(\frac{1}{\sqrt{x^2+y^2+z^2}}\right)$$
(x,z を定数とみなし, y だけで微分)
$$= \underline{\frac{Q}{4\pi\varepsilon_0}\frac{y}{(x^2+y^2+z^2)^{\frac{3}{2}}}}$$

---

[1] 座標変数としての角度 ψ は, ϕ を用いることが多いが, ここでは静電位と区別するために ψ を使う. ϕ は「ファイ」, ψ は「プサイ」である.

z 成分も同じく，
$$E_z = -\frac{\partial \phi(\vec{x})}{\partial z}$$
$$= -\frac{Q}{4\pi\varepsilon_0} \frac{\partial}{\partial z}\left(\frac{1}{\sqrt{x^2+y^2+z^2}}\right)$$

(x, y を定数とみなし，z だけで微分)
$$= \frac{Q}{4\pi\varepsilon_0} \frac{z}{(x^2+y^2+z^2)^{\frac{3}{2}}}$$

ここで，y, z による $\frac{1}{r}$ の偏微分を，x による偏微分の場合と共にまとめておくと，

$$\begin{cases} \frac{\partial}{\partial x}\left(\frac{1}{r}\right) = -\frac{x}{r^3} \\ \frac{\partial}{\partial y}\left(\frac{1}{r}\right) = -\frac{y}{r^3} \\ \frac{\partial}{\partial z}\left(\frac{1}{r}\right) = -\frac{z}{r^3} \end{cases}$$

$$\Leftrightarrow \begin{pmatrix} \frac{\partial}{\partial x} \\ \frac{\partial}{\partial y} \\ \frac{\partial}{\partial z} \end{pmatrix} \frac{1}{r} = -\frac{1}{r^3}\begin{pmatrix} x \\ y \\ z \end{pmatrix}$$

$$\Leftrightarrow \vec{\nabla}\left(\frac{1}{r}\right) = -\frac{\vec{r}}{r^3} = -\frac{1}{r^2}\frac{\vec{r}}{r}$$

$\frac{1}{r}$ に $\vec{\nabla}$ を演算すると (つまり $\vec{\nabla}\left(\frac{1}{r}\right)$)，その結果はあたかも r で微分したかの如く $-\frac{1}{r^2}$ となり，その向きを示す単位ベクトル $\frac{\vec{r}}{r}$ が付く ($\vec{\nabla}$ は 1 次元の量から，3 次元のベクトル量を生成することに注意)．

(e) (c),(d) の結果より，求まった電場 $\vec{E}$ は，
$$\vec{E} = \begin{pmatrix} \frac{Q}{4\pi\varepsilon_0} \frac{x}{(x^2+y^2+z^2)^{\frac{3}{2}}} \\ \frac{Q}{4\pi\varepsilon_0} \frac{y}{(x^2+y^2+z^2)^{\frac{3}{2}}} \\ \frac{Q}{4\pi\varepsilon_0} \frac{z}{(x^2+y^2+z^2)^{\frac{3}{2}}} \end{pmatrix}$$
$$= \frac{1}{4\pi\varepsilon_0} \frac{Q}{(x^2+y^2+z^2)^{\frac{3}{2}}} \begin{pmatrix} x \\ y \\ z \end{pmatrix}$$

となる．これは<u>原点と (x, y, z) を結ぶ方向</u>で，<u>原点から遠ざかる向き</u>となる．さらに，もう少し変形すると，
$$\vec{E} = \frac{1}{4\pi\varepsilon_0}\frac{Q}{r^3}\vec{r}$$
$$= \frac{1}{4\pi\varepsilon_0}\frac{Q}{r^2}\frac{\vec{r}}{r}$$

となって，お馴染の形が出てくる．

3. (a) おさらいの式 (3.8) より，3 次元の場合 (電荷密度)=(全電荷)÷(体積) なので，
$$\rho = \frac{Q}{\frac{4}{3}\pi a^3} = \frac{3Q}{4\pi a^3}$$

その昔，半径 r の球の体積を「身 (3) の上に心配 (4π) あーる (r) 参上 (3 乗) = $\frac{4\pi r^3}{3}$」と覚えました．ついでに，球の表面積を思い出したいときは，体積を (r で) 微分してみましょう．$4\pi r^2$ になります．

(b) 図は次のようになる．

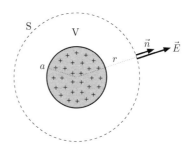

半径 r の球面を S，その内部を V とする．内側の半径 a の球には電荷が詰まっているが，

その分布の対称性を考えると，球面 S 上の電場 $\vec{E}$ は，面 S に垂直で，S 上ならどこでも同じ大きさ $E(r)$ になる．よって，S 上の法線ベクトルを $\vec{n}$ とすると，$\vec{E}$ と $\vec{n}$ は平行になり，
$$\vec{E}\cdot\vec{n} = E(r)\cdot 1 \cdot \cos 0 = E(r)$$
となる．すると，ガウスの法則の左辺の面積分は，おさらいの式 (4.4) より，
$$\int_S \vec{E}\cdot\vec{n}\,dS = \int_S E(r)\,dS$$
$$(E(r) \text{ は S 上では定数なので })$$
$$= E(r)\int_S dS$$
$$= E(r) \times (\text{球面 S の面積})$$
$$= E(r)\,4\pi r^2$$
次に，ガウスの法則の右辺の体積分は，おさらいの式 (4.5) より，
$$\frac{1}{\varepsilon_0}\int_V \rho\,dV = \frac{1}{\varepsilon_0} \times (\text{V 内の全電荷})$$
$$= \frac{Q}{\varepsilon_0}$$
体積分をするまでもなく，V 内にある球の全電荷は (a) で Q と与えられている．
以上より，ガウスの法則であるおさらいの式 (4.3) から，
$$E(r)\,4\pi r^2 = \frac{Q}{\varepsilon_0}$$
$$\therefore\ E(r) = \frac{1}{4\pi\varepsilon_0}\frac{Q}{r^2}$$
または，(a) の答を使って Q を消去すると
$$E = \frac{\rho}{3\varepsilon_0}\frac{a^3}{r^2}$$
(c) 次の図のように，電荷の詰まった球のさらに内側の半径 r の球面 S とその内部 V にガウスの法則を適用する．

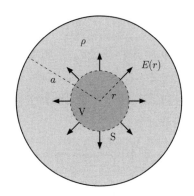

まずは，ガウスの法則の左辺の面積分．対称性から電場は図のように放射状の方向になるが，向きがわからない．そこで，仮に図のように外向きのとき $E(r)$ が正とする．積分の中身は，球面 S 上では $\vec{E}$ と $\vec{n}$ が平行なので，
$$\vec{E}\cdot\vec{n} = E(r)\cdot 1 \cdot \cos 0 = E(r)$$
である．これより，
$$\int_S \vec{E}\cdot\vec{n}\,dS = \int_S E(r)\,dS$$
$$(E(r) \text{ は S 上では定数なので })$$
$$= E(r)\int_S dS$$
$$= E(r) \times (\text{球面 S の面積})$$
$$= E(r)\,4\pi r^2$$
次はガウスの法則の右辺の体積分．この問題は，おさらいの式 (4.5) から始めて，そのまま体積分を行う例である．ρ は (a) で求めたように，定数なので，
$$\frac{1}{\varepsilon_0}\int_V \rho\,dV = \frac{\rho}{\varepsilon_0}\int_V dV$$
$$= \frac{\rho}{\varepsilon_0} \times (\text{V の体積})$$
$$= \frac{\rho}{\varepsilon_0} \times \frac{4}{3}\pi r^3$$
ガウスの法則 (おさらいの式 (4.3)) より，上 2 式が等しくなるから，
$$E(r)\,4\pi r^2 = \frac{\rho}{\varepsilon_0}\frac{4}{3}\pi r^3$$

$$\therefore E(r) = \frac{\rho}{3\varepsilon_0} r$$

なお,正の E が得られたので,電場の向きは図のとおりである.

(d) まずは (b) と (c) で得られた $E(r)$ について場合分けをしておく.

$$E(r) = \begin{cases} \dfrac{\rho}{3\varepsilon_0} \dfrac{a^3}{r^2} & (r \geq a) \\ \dfrac{\rho}{3\varepsilon_0} r & (r \leq a) \end{cases}$$

これをおさらいの式 (5.3) から得られる式 (5.4) に代入する.$r \geq a$ の場合,

$$\begin{aligned} \phi(r) &= -\int E(r)\,\mathrm{d}r \\ &= -\int \frac{\rho}{3\varepsilon_0} \frac{a^3}{r^2}\,\mathrm{d}r \\ &= -\frac{\rho a^3}{3\varepsilon_0} \int \frac{1}{r^2}\,\mathrm{d}r \\ &= \frac{\rho a^3}{3\varepsilon_0} \frac{1}{r} + C \end{aligned}$$

$\left(\phi(r) = \dfrac{\rho a^3}{3\varepsilon_0} \left(\dfrac{1}{r} + C \right) \text{にしてもよい.} \right)$

$r \leq a$ の場合,

$$\begin{aligned} \phi(r) &= -\int E(r)\,\mathrm{d}r \\ &= -\int \frac{\rho}{3\varepsilon_0} r\,\mathrm{d}r \\ &= -\frac{\rho}{3\varepsilon_0} \int r\,\mathrm{d}r \\ &= -\frac{\rho}{6\varepsilon_0} r^2 + C' \end{aligned}$$

$\left(\phi(r) = -\dfrac{\rho}{3\varepsilon_0} \left(\dfrac{1}{2} r^2 + C' \right) \text{にしてもよい.} \right)$

ここで,一旦まとめると

$$\phi(r) = \begin{cases} \dfrac{\rho a^3}{3\varepsilon_0} \dfrac{1}{r} + C & (r \geq a) \\ -\dfrac{\rho}{6\varepsilon_0} r^2 + C' & (r \leq a) \end{cases}$$

次に,積分定数 C, C' を求める.未知数が 2 つなので,条件式も 2 つ必要である.

まず 1 つ目の条件式は,$\phi(\infty) = 0$ である.$r \geq a$ の場合の $\phi(r)$ に使うと ($\because \infty > a$ だから),

$$\phi(\infty) = \frac{\rho a^3}{3\varepsilon_0} \frac{1}{\infty} + C = C = 0$$

2 つ目の条件式は,$r = a$ で電位が連続であるという要求から得られる.つまり,場合分けした $\phi(r)$ の 2 つの式が,$r = a$ で等しくなる必要がある.

$$\phi(a) = \begin{cases} \dfrac{\rho a^2}{3\varepsilon_0} & (r \geq a) \\ -\dfrac{\rho a^2}{6\varepsilon_0} + C' & (r \leq a) \end{cases}$$

よって,

$$\frac{\rho a^2}{3\varepsilon_0} = -\frac{\rho a^2}{6\varepsilon_0} + C'$$

$$\therefore \ C' = \frac{\rho a^2}{2\varepsilon_0}$$

以上より,

$$\phi(r) = \begin{cases} \dfrac{\rho a^3}{3\varepsilon_0} \dfrac{1}{r} & (r \geq a) \\ -\dfrac{\rho}{6\varepsilon_0} r^2 + \dfrac{\rho a^2}{2\varepsilon_0} & (r \leq a) \end{cases}$$

(e) $\phi(r)$ のグラフは (d) より次のようになる.

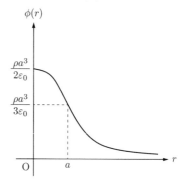

第 5 章 おしまい… お疲れ様でした.

第6章

コンデンサー

この章の記号や条件等の説明

• $\vec{A}, \vec{a}, \vec{x}, \boldsymbol{A}, \boldsymbol{a}, \boldsymbol{x}$	ベクトルは矢印や太字 (黒板では二重線) で表されるが, 本書では矢印表記を用いる.
• $\vec{x} = (x, y, z)$	場所を表すベクトル.
• $\vec{E}(\vec{x}) = (E_x(\vec{x}), E_y(\vec{x}), E_z(\vec{x}))$	場所 $\vec{x}$ での電場ベクトル.
• $\phi(\vec{x})$	場所 $\vec{x}$ での静電位 (静電ポテンシャル).
• Q	電荷 (電気量).
• C	コンデンサーの電気容量.
• V	電位差. 体積を表す V と混同しないように.
• λ, σ, ρ	電荷の線密度, 面密度, 体積密度.
• $\vec{n}$	法線ベクトル (面に垂直な単位ベクトル).

コンデンサーのおさらい

電気容量 C のコンデンサーに電位差 (電圧) V をかけた場合,

- 蓄えられる電荷 (電気量) Q は,

$$Q = CV \tag{6.1}$$

- 単位は,

    Q は [C] (クーロン)

    C は [F] (ファラッド)

    V は [V] (ボルト)

  電気容量 1 F のコンデンサーに電位差 1 V をかけると電気量 1 C の電荷が蓄えられる.

- コンデンサーに蓄えられた静電 (帯電) エネルギー U は,

$$U = \frac{Q^2}{2C} = \frac{1}{2}CV^2 = \frac{1}{2}QV \tag{6.2}$$

  Q の単位を [C], C の単位を [F], V の単位を [V] とすると U の単位は [J] (ジュール) となる. 式 (6.2) はどれか 1 つを覚えておけばよい. 式 (6.1) を使えば, どの式にでも変形できる.

- コンデンサーの電気容量 C を求める手順は,

  1. まず式 (6.1) を変形して,

  $$C = \frac{Q}{V} \tag{6.3}$$

  従って, 求めるべきものは, 電荷 Q と電位差 V である.

  2. 電荷 Q はたいていすぐに求まるだろう.
  3. 電位差 V を求めるには, まず電場を求める.
  4. コンデンサーの導体間の電場はガウスの法則などで求める.

  $$\int_S \vec{E} \cdot \vec{n}\, \mathrm{d}S = \frac{1}{\varepsilon_0} \int_V \rho\, \mathrm{d}V \tag{6.4}$$

  5. そして電場から電位を求めるには,

  $$\frac{\mathrm{d}\phi(x)}{\mathrm{d}x} = -E(x) \tag{6.5}$$

  から始めて電位 $\phi(x)$ を求め, 導体間の電位差 $V = \phi(x_1) - \phi(x_2)$ を求める.

  6. 電荷の移動がおさまった導体中の電場はゼロである. 電場がゼロでなければ, その電場によって導体中の電荷 (具体的には電子) がさらに移動するからである.

1. コンデンサーに関する量

電気容量 C のコンデンサーに電位差 V をかけたところ電気量 Q が蓄えられた．

(a) Q, C, V の関係式を書きなさい．
(b) $C = 2.0\ \mu\text{F}, V = 50\ \text{mV}$ のとき Q は？
(c) $Q = 10\ \text{pC}, V = 5.0\ \text{V}$ のとき C は？
(d) $Q = 500\ \text{nC}, C = 20\ \mu\text{F}$ のとき V は？
(e) $C = 2.0\ \text{pF}, V = 3.0\ \text{V}$ のとき，コンデンサーに蓄えられた静電エネルギー U は？
(f) $Q = 6.0\ \text{nC}, C = 3.0\ \mu\text{F}$ のとき，コンデンサーに蓄えられた静電エネルギー U は？

2. コンデンサーの合成容量

電気容量 C_1, C_2 の 2 つのコンデンサーがある．

(a) C_1, C_2 を並列につないで，その両端に電圧 V をかけたところ，それぞれに Q_1, Q_2 の電荷が蓄えられた．
  i. Q_1, Q_2 を求めなさい．
  ii. 並列につながれた C_1, C_2 を電気容量 C の 1 つのコンデンサーとみなし，そこに合計 Q の電荷が蓄えられたと考える．Q, C, V の関係式を書きなさい．
  iii. $Q = Q_1 + Q_2$ であることから，C と C_1, C_2 の関係を導きなさい．
  iv. $C_1 = 2\ \text{pF}, C_2 = 5\ \text{pF}$ のとき，合成容量 C を求めなさい．

(b) C_1, C_2 を直列につないで，その両端に電圧 V をかけると，どちらのコンデンサーにも Q の電荷が蓄えられる．
  i. C_1 の両端の電圧 V_1 を求めなさい．同様に C_2 の両端の電圧 V_2 を求めなさい．
  ii. 直列につながれた C_1, C_2 を電気容量 C の 1 つのコンデンサーとみなし，そこに Q の電荷が蓄えられたと考える (1 つのコンデンサーとして見たとき，内部側になる導体の帯電は関知しない)．Q, C, V の関係式を書きなさい．
  iii. $V = V_1 + V_2$ であることから，C と C_1, C_2 の関係を導きなさい．
  iv. $C_1 = 2\ \text{pF}, C_2 = 3\ \text{pF}$ のとき，合成容量 C を求めなさい．

3. 球殻状のコンデンサー

半径 a, b $(a < b)$ の2つの同心球殻 (中心が同じ点にある球殻) の導体でできているコンデンサーの電気容量を求める.

(a) 2つの導体に電圧 V をかけると, 内側の球殻は Q (> 0) に, 外側の球殻は $-Q$ に帯電した. このコンデンサーの電気容量 C を, Q, V を用いて書きなさい.

(b) この状態について, 中心から距離 r $(a < r < b$ つまり2つの球殻間) における電場の強さ $E(r)$ をガウスの法則を用いて求めなさい (半径 r の同心球面に, ガウスの法則の積分形を適用する).

(c) $E(r)$ から導体間の電位差 V を求めなさい.

(d) 以上より, 電気容量 C を求めなさい.

4. 円筒状のコンデンサー

高さ h, 半径 a, b $(a < b)$ の2つの円筒状の導体がそれぞれの中心軸が重なるように位置するコンデンサーの電気容量を求める.

(a) 2つの導体に電圧 V をかけると, 内側の円筒は Q (> 0) に, 外側の円筒は $-Q$ に帯電した. このコンデンサーの電気容量 C を, Q, V を用いて書きなさい.

(b) この状態について, 中心軸から距離 r $(a < r < b$ つまり2つの円筒間) における電場の強さ $E(r)$ をガウスの法則を用いて求めなさい (半径 r の円筒面に, ガウスの法則の積分形を適用する).

(c) $E(r)$ から導体間の電位差 V を求めなさい.

(d) 以上より, 電気容量 C を求めなさい.

5. 平行平板コンデンサー

面積 S の2枚の平板A, Bの導体を $3d$ だけ離して平行に置く. この2枚の中央に, 面積 S, 厚さ d の板状の導体Cを挿入した. この導体A, Bに電池を接続して電圧 V をかけたところ, 導体A, Bには面密度が $+\sigma, -\sigma$ の電荷が帯電した.

(a) 導体Cに現われる誘導電荷の分布を図示しなさい.

(b) 導体AとCの間の電場の強さ E_1 を求めなさい.

(c) 導体Cの導体A側の面に誘導される電荷の面密度 σ_1 を求めなさい.

(d) 導体AとCの電位差 V_1 を求めなさい.

(e) 導体BとCの間の電場の強さ E_2 を求めなさい.

(f) 導体Cの導体B側の面に誘導される電荷の面密度 σ_2 を求めなさい.

(g) 導体BとCの電位差 V_2 を求めなさい.

(h) V と V_1, V_2 の関係は?

(i) このコンデンサーの電気容量 C を求めなさい.

(j) この状態で, まず電池を導体A, Bから切り離した. 続いて, 導体Cを取り除いた. 導体A, B間の電位差 V' を求めなさい.

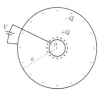
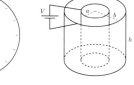

球殻状のコンデンサー (問3.)　　円筒状のコンデンサー (問4.)

第6章 [解答例]

1. (a) おさらいの式 (6.1) より,
$$Q = CV$$

(b) (a) の結果に値を代入すると,
$$\begin{aligned}
Q &= CV \\
&= 2.0\,\mu\text{F} \times 50\,\text{mV} \\
&= 2.0 \times 10^{-6}\,\text{F} \times 50 \times 10^{-3}\,\text{V} \\
&= 100 \times 10^{-9}\,\text{C} \\
&= 1.0 \times 10^{-7}\,\text{C} \\
&= 100\,\text{nC} \\
&= 0.10\,\mu\text{C} \;\cdots\; \text{等々}
\end{aligned}$$

単位の関係 (変換) は [F·V]=[C] である.
(ところで, **式**から書き始めましたか?)

(c) (a) の結果を変形して値を代入すると,
$$\begin{aligned}
C &= \frac{Q}{V} \\
&= \frac{10\,\text{pC}}{5.0\,\text{V}} \\
&= 2.0\,\text{pF} \\
&\quad (\text{p を残して, [C/V] = [F]})
\end{aligned}$$

または,
$$\begin{aligned}
&= \frac{10 \times 10^{-12}\,\text{C}}{5.0\,\text{V}} \\
&= 2.0 \times 10^{-12}\,\text{F}
\end{aligned}$$

(これも, **式**から書き始めましたか?)

(d) (a) の結果を変形して値を代入すると,
$$\begin{aligned}
V &= \frac{Q}{C} \\
&= \frac{500\,\text{nC}}{20\,\mu\text{F}} \\
&= 25\,\text{mV}
\end{aligned}$$

単位 (SI 接頭語) は
$$\frac{[\text{n}\,(=10^{-9})]}{[\mu\,(=10^{-6})]} = [\text{m}\,(=10^{-3})]$$

とした. このような変換にまだ慣れてなければ,
$$\begin{aligned}
V &= \frac{Q}{C} \\
&= \frac{500 \times 10^{-9}\,\text{C}}{20 \times 10^{-6}\,\text{F}} \\
&= 25 \times 10^{-3}\,\text{V} \\
&= 25\,\text{mV}
\end{aligned}$$

としても, もちろん OK.
(しつこいけど, **式**から書き始めた?)

(e) おさらいの式 (6.2) より,
$$\begin{aligned}
U &= \frac{1}{2}CV^2 \\
&= \frac{1}{2} \times 2.0\,\text{pF} \times 3.0^2\,\text{V}^2 \\
&= 9.0\,\text{pJ}
\end{aligned}$$

MKS 単位系で計算しているので, エネルギーの単位は [J](ジュール) です. もちろん次のように単位を展開してもよい
$$\begin{aligned}
U &= \frac{1}{2}CV^2 \\
&= \frac{1}{2} \times 2.0 \times 10^{-12}\,\text{F} \times 3.0^2\,\text{V}^2 \\
&= 9.0 \times 10^{-12}\,\text{J} \\
&= 9.0\,\text{pJ}
\end{aligned}$$

(**式**から書き … えっ? もういい!?)

(f) おさらいの式 (6.2) より,
$$\begin{aligned}
U &= \frac{Q^2}{2C} \\
&= \frac{6.0^2\,(\text{nC})^2}{2 \times 3.0\,\mu\text{F}} \\
&= \frac{36 \times (10^{-9})^2\,\text{C}^2}{(6.0 \times 10^{-6}\,\text{F})} \\
&= 6.0 \times 10^{-12}\,\text{J} \\
&= 6.0\,\text{pJ}
\end{aligned}$$

式から書… えっ, 耳タコ!? まあ, ちょっと言わせて. もし, おさらいの式 (6.2) のうち 1 つしか覚えていなかったら? そのときは, おさらいの式 (6.1) $Q = CV \rightarrow V = Q/C$

を使って式を変形すればよい. 例えば,
$$U = \frac{1}{2}CV^2 = \frac{1}{2}C\left(\frac{Q}{C}\right)^2 = \frac{Q^2}{2C}$$
このように, おさらいの式 (6.2) は, どれか1つを覚えておけばよい. 但し, 式 (6.1) を覚えているのが前提である.

2. (a) この問題で解こうとしていることを図にすると, 次のようになる.

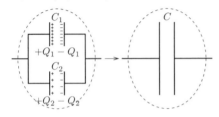

i. C_1 と C_2 にかかっている電圧はどちらも V である. なぜなら, C_1 と C_2 の両端は導線 (つまり導体) でつながっているから, 電荷の移動がないときは, 導体の続くかぎり等電位となる. C_1 には電圧 V で電荷 Q_1 が蓄えられているので, おさらいの式 (6.1) より,
$$\underline{Q_1 = C_1 V}$$
C_2 には電圧 V で電荷 Q_2 が蓄えられているので, 同様におさらいの式 (6.1) より,
$$\underline{Q_2 = C_2 V}$$
[余談] この解答でも, 問題でも C_1 をコンデンサーの呼称のように使っている. 正確には「電気容量 C_1 のコンデンサー」, または名前を付けて「コンデンサー 1」と呼ばなければならない. が, このように電気容量の記号をコンデンサーの区別に流用することはよくある.

ii. おさらいの式 (6.1) より,
$$\underline{Q = CV}$$

iii. $Q = Q_1 + Q_2$ に i. と ii. の結果を代入すると
$$CV = C_1 V + C_2 V$$
両辺を V で割ると
$$\underline{C = C_1 + C_2}$$
この式は, **並列**接続したコンデンサーの合成容量として覚えておこう.

iv. iii. の結果に値を代入すると
$$C = C_1 + C_2 = 2\,\text{pF} + 5\,\text{pF} = \underline{7\,\text{pF}}$$
値を代入する前に**式**から書き始めた? (もう口が酸っぱくなってきた…)

(b) この問題で解こうとしていることを図にすると, 次のようになる.

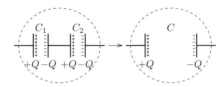

i. おさらいの式 (6.1) より,
$$Q = C_1 V_1 \Leftrightarrow \underline{V_1 = \frac{Q}{C_1}}$$
$$Q = C_2 V_2 \Leftrightarrow \underline{V_2 = \frac{Q}{C_2}}$$

ii. おさらいの式 (6.1) より,
$$\underline{Q = CV}$$

iii. $V = V_1 + V_2$ を ii. の結果に代入すると,
$$Q = CV = C(V_1 + V_2)$$
これに, さらに i. の結果を代入すると,
$$Q = C\left(\frac{Q}{C_1} + \frac{Q}{C_2}\right)$$
両辺を Q で割り, C を左辺に移すと
$$\underline{\frac{1}{C} = \frac{1}{C_1} + \frac{1}{C_2}}$$
これが, コンデンサーを**直列**接続したときの合成容量を求める式である (覚えておこう).

iv. iii. の結果に値を代入すると，
$$C = \frac{1}{\frac{1}{C_1} + \frac{1}{C_2}} = \frac{1}{\frac{1}{2\,\mathrm{pF}} + \frac{1}{3\,\mathrm{pF}}}$$
$$= \frac{1}{\frac{1}{2} + \frac{1}{3}}\,\mathrm{pF} = \underline{1.2\,\mathrm{pF}}$$

[余談] 今回は C_1 と C_2 はともに [pF] で表されていた．もし $C_1 = 400$ pF, $C_2 = 1.2$ nF の場合はどうする？
どちらかの単位に合わせてやればよい．例えば $C_1 = 0.4$ nF とする (逆に $C_2 = 1200$ pF としてもよい)．
答えは $C = 0.3$ nF $(= 300$ pF$)$ なので確認してみよう．

3. (a) おさらいの式 (6.1) より，
$$Q = CV \Leftrightarrow \underline{C = \frac{Q}{V}}$$

(b) 内側，外側の球殻をそれぞれ S_1, S_2 とし，次の図のように S_1, S_2 の中心から半径 r の球面を S, S の内部を V とする．S, V を積分領域としてガウスの法則を適用する．

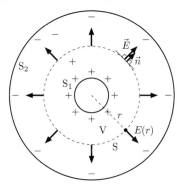

まず，ガウスの法則の面積分は
$$\int_S \vec{E} \cdot \vec{n}\,\mathrm{d}S$$
から始める．積分の中身 $\vec{E} \cdot \vec{n}$ はどうなるか？ S_1, S_2 の対称性から，$S_1 S_2$ 間にできる電場は内側の S_1 から外側の S_2 へ向かう放射状の電気力線で表すことができる．従って，S の表面での電場は表面に垂直で，S 面上ではどこも同じ大きさ (E とおく) である．よって，
$$\vec{E} \cdot \vec{n} = E \cdot 1 \cdot \cos 0 = E$$
これより
$$\int_S \vec{E} \cdot \vec{n}\,\mathrm{d}S = \int_S E\,\mathrm{d}S = E\int_S \mathrm{d}S$$
$$= E \times (\text{S の表面積})$$
$$= E \times (\text{半径 } r \text{ の球の表面積})$$
$$= E \times 4\pi r^2$$

次に，ガウスの法則の体積分は
$$\frac{1}{\varepsilon_0}\int_V \rho\,\mathrm{d}V$$
から始める．さて，この体積分の意味は V 内の電荷の合計だから，今回は球殻 S_1 上の電荷 Q となる．結局，積分は行わずに
$$\frac{1}{\varepsilon_0}\int_V \rho\,\mathrm{d}V = \frac{1}{\varepsilon_0}(\text{V 内の全電荷})$$
$$= \frac{1}{\varepsilon_0}(S_1 \text{ 上の全電荷}) = \frac{Q}{\varepsilon_0}$$
が得られる．

ガウスの法則 (おさらいの式 (6.4)) より，上で求めた面積分と体積分は等しい．
$$E \times 4\pi r^2 = \frac{Q}{\varepsilon_0} \Leftrightarrow \underline{E(r) = \frac{Q}{4\pi\varepsilon_0 r^2}}$$

電場の大きさ $E(r)$ は，半径 r が等しい球面 S 上では同じ値をとるので定数 E として球面 S 上での面積分の外に出したが，実は r によって値が変わる r の関数である．

(c) 球面 S 上 (つまり，中心から距離 r の点) の電位を $\phi(r)$ とする．電場と電位の 1 次元の関係式 (おさらいの式 (6.5)) より，
$$\frac{\mathrm{d}\phi(r)}{\mathrm{d}r} = -E(r)$$
両辺を (不定) 積分して，電位 $\phi(r)$ を求めていく方法もあるが，ここで求めたいのは 2 点間の電位差 V, つまり $S_1(r = a), S_2(r = b)$ の電位差
$$V = \phi(a) - \phi(b)$$

なので，$r : b \to a$ の定積分を行えばよい.
$$\int_b^a \frac{\mathrm{d}\phi(r)}{\mathrm{d}r}\,\mathrm{d}r = -\int_b^a E(r)\,\mathrm{d}r$$
$$\bigl[\,\phi(r)\,\bigr]_b^a = -\int_b^a \frac{Q}{4\pi\varepsilon_0 r^2}\,\mathrm{d}r$$
($E(r)$ には (b) の結果を代入した)
$$\phi(a) - \phi(b) = \frac{Q}{4\pi\varepsilon_0}\left[\frac{1}{r}\right]_b^a$$
$$= \frac{Q}{4\pi\varepsilon_0}\left(\frac{1}{a} - \frac{1}{b}\right)$$
$$\therefore\ \underline{V = \frac{Q}{4\pi\varepsilon_0}\left(\frac{1}{a} - \frac{1}{b}\right)}$$

ちなみに，定積分の積分範囲を $r : a \to b$ と逆にしても結果は同じである．

(d) (c) の結果を (a) の結果に代入すると
$$C = \frac{Q}{V}$$
$$= \frac{Q}{\frac{Q}{4\pi\varepsilon_0}\left(\frac{1}{a} - \frac{1}{b}\right)}$$
$$= \underline{\frac{4\pi\varepsilon_0\,ab}{b-a}}$$

4. このコンデンサーは中心軸に対して軸対称になっているので，電荷も中心軸に対して対称に分布する．そのため，円筒間にできる電場は外側に向かって放射状になる．円筒の高さ方向の中央辺りでは，円筒上の上下の電荷分布がほぼ対称なので，電場の上下成分はほとんどなく，ほぼ水平になる．しかし，円筒の端の部分では上下の対称性が薄れるので，電気力線が上下に曲る (但し，上から見た電気力線が放射状なのは変わらない)．ここでは，端の効果を無視できるほど円筒が充分に長いと仮定して，円筒の中央辺りにガウスの法則を適用する．

(a) おさらいの式 (6.1) より，
$$Q = CV \ \Leftrightarrow\ \underline{C = \frac{Q}{V}}$$

(b) 次の図のように，中心軸からの半径が r ($a < r < b$) で高さが $h'(<h)$ の円柱をガウスの法則の積分領域とする．円柱の側面を S_0，上面を S_1，底面を S_2，内部を V とする．

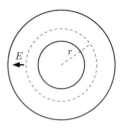

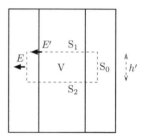

上：上から見た図，下：横から見た断面

まず，ガウスの法則の面積分だが，円柱の表面 S を $\mathrm{S}_0, \mathrm{S}_1, \mathrm{S}_2$ に分けて，
$$\int_\mathrm{S} \vec{E}\cdot\vec{n}\,\mathrm{d}S$$
$$= \int_{\mathrm{S}_0}\vec{E}\cdot\vec{n}\,\mathrm{d}S + \int_{\mathrm{S}_1}\vec{E}\cdot\vec{n}\,\mathrm{d}S + \int_{\mathrm{S}_2}\vec{E}\cdot\vec{n}\,\mathrm{d}S$$
で考える．積分の中身 $\vec{E}\cdot\vec{n}$ はどうなるか？中心軸から距離 r' の位置の電場の大きさを $E(r')$ とすると，S_0 面上 ($r' = r$) の電場の大きさは $E(r)$，$\mathrm{S}_1, \mathrm{S}_2$ 面上では，中心軸からの距離 r' が変わるので $E(r')$ としておくと，
$$\vec{E}\cdot\vec{n} = \begin{cases} \mathrm{S}_0 : & E(r)\cdot 1\cdot\cos 0 = E(r) \\ \mathrm{S}_1 : & E(r')\cdot 1\cdot\cos\dfrac{\pi}{2} = 0 \\ \mathrm{S}_2 : & E(r')\cdot 1\cdot\cos\dfrac{\pi}{2} = 0 \end{cases}$$
これらより
$$\int_\mathrm{S}\vec{E}\cdot\vec{n}\,\mathrm{d}S$$
$$= E(r)\int_{\mathrm{S}_0}\mathrm{d}S + \int_{\mathrm{S}_1}0\,\mathrm{d}S + \int_{\mathrm{S}_2}0\,\mathrm{d}S$$
$$= E(r)\times(\mathrm{S}_0\text{の面積}) = E(r)\times 2\pi r h'$$

次に，ガウスの法則の体積分は
$$\frac{1}{\varepsilon_0}\int_V \rho\,dV = \frac{1}{\varepsilon_0}(\text{V 内の全電荷})$$
今回も，積分を行わずに，内側の高さ h の円筒上の電荷 Q のうち，円柱 V の高さ h' に対応する電荷を求めればよいので，
$$\frac{1}{\varepsilon_0}(\text{V 内の全電荷}) = \frac{1}{\varepsilon_0}\left(Q\frac{h'}{h}\right) = \frac{Q\,h'}{\varepsilon_0\,h}$$
そして，ガウスの法則 (おさらいの式 (6.4)) より，以上の面積分と体積分は等しい．
$$E(r)\times 2\pi r h' = \frac{Q\,h'}{\varepsilon_0\,h} \Leftrightarrow \underline{E(r) = \frac{Q}{2\pi\varepsilon_0\,h\,r}}$$
(c) 中心軸から距離 r の点の電位を $\phi(r)$ とする．おさらいの式 (6.5) より，
$$\frac{d\phi(r)}{dr} = -E(r)$$
ここでも，求めたいのは円筒間の電位差 V，つまり $r=a,b$ の電位差
$$V = \phi(a)-\phi(b)$$
なので，$r:b\to a$ の定積分を行う．
$$\int_b^a \frac{d\phi(r)}{dr}\,dr = -\int_b^a E(r)\,dr$$
$$[\phi(r)]_b^a = -\int_b^a \frac{Q}{2\pi\varepsilon_0\,h\,r}\,dr$$
($E(r)$ には (b) の結果を代入した)
$$\phi(a)-\phi(b) = -\frac{Q}{2\pi\varepsilon_0 h}[\log r]_b^a$$
$$= \frac{Q}{2\pi\varepsilon_0 h}(\log b - \log a)$$
$$= \frac{Q}{2\pi\varepsilon_0 h}\log\frac{b}{a}$$
$$\therefore\ \underline{V = \frac{Q}{2\pi\varepsilon_0 h}\log\frac{b}{a}}$$
(d) (c) の結果を (a) の結果に代入すると
$$C = \frac{Q}{V} = \frac{Q}{\frac{Q}{2\pi\varepsilon_0 h}\log(b/a)} = \underline{\frac{2\pi\varepsilon_0 h}{\log(b/a)}}$$

5. (a) 次の図のようになる．

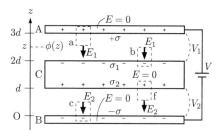

このコンデンサーも，平板の端で電気力線が歪むが，平板間の距離 d よりも充分に平板が大きいと仮定する．

(b) 円柱 a (表面を S_a, 内部を V_a, 上面の面積を ΔS, 図に横からみた断面を点線で示した) をガウスの法則を適用する積分領域とすると，
$$\int_{S_a}\vec{E}\cdot\vec{n}\,dS$$
$$= \int_{\text{上面}}0\,dS + \int_{\text{側面}}0\,dS + \int_{\text{底面}}E_1\,dS$$
$$= E_1\int_{\text{底面}}dS$$
$$= E_1\Delta S$$

上面は導体中なので電場は 0，側面の電場は面に沿っているので法線ベクトルとは直交 (従って内積が 0)．結局，底面の電場と法線ベクトルの内積のみが残る．
$$\frac{1}{\varepsilon_0}\int_{V_a}\rho\,dV = \frac{(V_a\text{内の全電荷})}{\varepsilon_0} = \frac{\sigma\Delta S}{\varepsilon_0}$$
これらの式が等しいから (ガウスの法則)，
$$E_1\Delta S = \frac{\sigma\Delta S}{\varepsilon_0} \Leftrightarrow \underline{E_1 = \frac{\sigma}{\varepsilon_0}}$$

(c) 図の円柱 b (表面を S_b, 内部を V_b, 上面の面積を ΔS) をガウスの法則を適用する積

分領域とすると,

$$\int_{S_b} \vec{E} \cdot \vec{n} \, dS$$
$$= \int_{上面} (-E_1) \, dS + \int_{側面} 0 \, dS + \int_{底面} 0 \, dS$$
$$= -E_1 \int_{上面} dS$$
$$= -E_1 \Delta S$$

底面は導体中なので電場は0,側面の電場は面に沿っているので法線ベクトルとは直交 (従って内積が0),結局,上面の電場と法線ベクトルの内積のみが残る.ここで電場は円柱 b の内側を向いているので,外向きの法線ベクトルとの内積をとると,マイナスの符号 ($\cos \pi$ に対応) が付くことに注意する.

$$\frac{1}{\varepsilon_0} \int_{V_b} \rho \, dV = \frac{(V_b 内の全電荷)}{\varepsilon_0} = \frac{\sigma_1 \Delta S}{\varepsilon_0}$$

これらの式が等しいから (ガウスの法則),

$$-E_1 \Delta S = \frac{\sigma_1 \Delta S}{\varepsilon_0} \Leftrightarrow E_1 = \frac{-\sigma_1}{\varepsilon_0}$$

(b) の結果を代入して, E_1 を消去すると

$$\underline{\sigma_1 = -\sigma}$$

図示した電荷分布のとおりに σ_1 は負であった.

(d) 電位差を求めるには,電場 E から電位 ϕ を求めればよい.電場は図の上下方向の成分だけなので,上向き正の z 軸で考える. z における電場 $E(z)$ と電位 $\phi(z)$ の関係式はおさらいの式 (6.5) より,

$$\frac{d\phi(z)}{dz} = -E(z)$$

求めたいのは 2 点間の電位差 V, つまり A ($z = 3d$), B ($z = 0$) の電位差 (A より B の方が電位が低いので,B を基準にする) である.まず, $V_1 = \phi(3d) - \phi(2d)$ なので, $z : 2d \to 3d$ の定積分を行う.同じことを (g) でも行うので,ここでは $z : z_0 \to z_1$ の定積分を行って,後で z_0, z_1 を $2d, 3d$ に置き換える.

電場は (c) より $E(z) = -E_1 = -\dfrac{\sigma}{\varepsilon_0}$ (今決めた z 軸の負の向きであることに注意) だが, $E(z) = E_0$ (定数) としておき,後で E_0 を $-E_1$ に置き換える.

$$\int_{z_0}^{z_1} \frac{d\phi(z)}{dz} \, dz = -\int_{z_0}^{z_1} E(z) \, dz$$
$$[\phi(z)]_{z_0}^{z_1} = -E_0 \int_{z_0}^{z_1} dz$$
$$\phi(z_1) - \phi(z_0) = -E_0 [z]_{z_0}^{z_1}$$
$$= -E_0 (z_1 - z_0)$$

$z_1 = 3d, z_2 = 2d, E_0 = -E_1 = -\dfrac{\sigma}{\varepsilon_0}$ をこの式に代入すると

$$V_1 = \phi(3d) - \phi(2d) = E_1 d = \underline{\frac{\sigma}{\varepsilon_0} d}$$

(e) 図の円柱 c (表面を S_c,内部を V_c,上面の面積を ΔS) をガウスの法則を適用する積分領域とすると,

$$\int_{S_c} \vec{E} \cdot \vec{n} \, dS$$
$$= \int_{上面} (-E_2) \, dS + \int_{側面} 0 \, dS + \int_{底面} 0 \, dS$$
$$= -E_2 \int_{上面} dS$$
$$= -E_2 \Delta S$$

底面は導体中なので電場は0,側面の電場は面に沿っているので法線ベクトルとは直交 (従って内積が0),結局,上面の電場と法線ベクトルの内積のみが残る.ここで電場は円柱 c の内側を向いているので,外向きの法線ベクトルとの内積をとると,マイナスの符号 ($\cos \pi$ に対応) が付くことに注意する.

$$\frac{1}{\varepsilon_0} \int_{V_c} \rho \, dV = \frac{(V_c 内の全電荷)}{\varepsilon_0} = \frac{-\sigma \Delta S}{\varepsilon_0}$$

これらが等しいから (ガウスの法則),

$$-E_2 \Delta S = -\frac{\sigma \Delta S}{\varepsilon_0} \Leftrightarrow \underline{E_2 = \frac{\sigma}{\varepsilon_0}}$$

(f) 図の円柱 f (表面を S_f, 内部を V_f, 上面の面積を ΔS) をガウスの法則を適用する積分領域とすると,

$$\int_{S_f} \vec{E} \cdot \vec{n}\, dS$$
$$= \int_{上面} 0\, dS + \int_{側面} 0\, dS + \int_{底面} E_2\, dS$$
$$= E_2 \int_{底面} dS$$
$$= E_2 \Delta S$$

上面は導体中なので電場は 0, 側面の電場は面に沿っているので法線ベクトルとは直交 (従って内積が 0). 結局, 底面の電場と法線ベクトルの内積のみが残る.

$$\frac{1}{\varepsilon_0} \int_{V_f} \rho\, dV = \frac{(V_f 内の全電荷)}{\varepsilon_0} = \frac{\sigma_2 \Delta S}{\varepsilon_0}$$

これらの式が等しいから (ガウスの法則),

$$E_2 \Delta S = \frac{\sigma_2 \Delta S}{\varepsilon_0} \Leftrightarrow E_2 = \frac{\sigma_2}{\varepsilon_0}$$

(e) の結果を代入して, E_2 を消去すると

$$\underline{\sigma_2 = \sigma}$$

図示した電荷分布のとおりに σ_2 は正であった.

(g) (d) より電位差は

$$\phi(z_1) - \phi(z_0) = -E_0(z_1 - z_0)$$

これに $z_1 = d$, $z_2 = 0$, $E_0 = -E_2 = -\frac{\sigma}{\varepsilon_0}$ を代入すると

$$V_2 = \phi(d) - \phi(0) = E_2 d = \frac{\sigma}{\varepsilon_0} d$$

(h) 導体の平板 C は至る所「等電位」. つまり平板 C の上面と下面の電位差は 0. よって,

$$\underline{V = V_1 + V_2}$$

(i) おさらいの式 (6.1) を変形すると

$$C = \frac{Q}{V}$$

となるので, Q と V を求めればよい.

まず, Q は導体 A (外部につながっている 2 つの導体のうちの正の電荷が帯電している方だけを見ればよい) に蓄えられている電気量を求めればよい. 導体 A に関しては, 電荷の面密度 σ と面積 S が与えられているので

$$Q = \sigma \times S$$

となる.

次に V は, (h) の結果に (d) と (g) の結果を代入すると

$$V = V_1 + V_2 = 2\frac{\sigma}{\varepsilon_0}d$$

これらを最初の式に代入すると

$$C = \frac{Q}{V} = \frac{\sigma S}{2\frac{\sigma}{\varepsilon_0}d} = \frac{1}{2}\varepsilon_0 \frac{S}{d}$$

[余談] 導体 C の導体 A 側と B 側の面だけを薄い 2 枚の平板として残し, その 2 枚を導線で結ぶと, 面積が S で平板間の距離が d の平行平板コンデンサーを 2 個直列につないだものとなる.

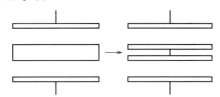

この平行平板コンデンサー 1 個の電気容量を C_1 とすると, その直列接続による合成容量 C は問 2.(b) の結果より

$$C = \frac{1}{\frac{1}{C_1} + \frac{1}{C_1}} = \frac{C_1}{2}$$

もし平行平板コンデンサーの電気容量

$$C_1 = \varepsilon_0 \frac{S}{d}$$

を覚えていれば,

$$C = \frac{1}{2}\varepsilon_0 \frac{S}{d}$$

となって, 同じ結果が得られる.

(j) 電池を切り放しても, 何も変化は起こらない. 電荷はコンデンサーに蓄えられたまま

である．向かい合った電荷は引き合ったままである (導体 C の中の電場は 0 なので，導体 C 内の上と下の電荷は動かない)．

さて，次に導体 C を取り除くとどうなるか？ 導体 A，B の電荷は逃げ場所がないから，そのままで，もう一方の導体に近い側に寄ったまま引き合っているのでは？ そうです，正解！ だったら，先ほどと同じ状態だから，電位 V' も変わらず V のままでは？ それは違います．んっ？ なぜ？ それでは確かめてみよう．

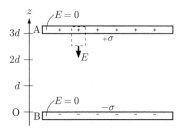

導体 A も B も電荷の面密度は変わらないので，導体 AB 間の電場の大きさ E は，(b) や (e) でガウスの法則を使って求めた E_1 や E_2 と同じです (同じ方法で確認してみよう)．つまり，

$$E = \frac{\sigma}{\varepsilon_0}$$

になる．

それではこの電場を使って電位を求めてみよう．それには (d) で求めた 2 点間の電位差を求める式が使える．

$$\phi(z_1) - \phi(z_0) = -E_0 (z_1 - z_0)$$

この式に，$z_1 = 3d$，$z_0 = 0$，そして $E_0 = -E$ を代入すると，導体 A と B の電位差 V' が得られる．電場は z 軸の向き (上向き正) とは逆の下向きなので，符号に注意する．

$$V' = \phi(3d) - \phi(0) = E \cdot 3d = 3\frac{\sigma}{\varepsilon_0}d$$

となる．(i) で求めた

$$V = 2\frac{\sigma}{\varepsilon_0}d$$

と比べてみよう．V' は $\frac{3}{2}$ 倍になっている．

第 6 章 おしまい… お疲れ様でした．

第7章

誘電体

この章の記号や条件等の説明

- $\vec{A}, \vec{a}, \vec{x}, \boldsymbol{A}, \boldsymbol{a}, \boldsymbol{x}$ ベクトルは矢印や太字 (黒板では二重線) で表されるが，本書では矢印表記を用いる．
- ϕ 静電位 (静電ポテンシャル)．
- ρ, ρ_t (真) 電荷の体積密度．
- $\sigma, \sigma_\mathrm{t}$ (真) 電荷の面密度．
- σ_p 分極電荷の面密度．
- $\vec{n}$ 法線ベクトル (面に垂直な単位ベクトル)．
- $\vec{E}$ 電場ベクトル．
- $\vec{P}$ 分極ベクトル．
- $\vec{D}$ 電束密度ベクトル．
- ε_0 真空の誘電率．
- χ_e 電気感受率 (χ はエックスではなく，ギリシャ文字のカイ)．
- ε 誘電率．
- ε_r 比誘電率．

誘電分極のおさらい

- 電場 $\vec{E}_\text{o}$ の中に**誘電体** (絶縁体) を置くと，**誘電分極**が起き，表面に**分極電荷**が現れる．
- 分極ベクトル $\vec{P}$ は分極の向き，つまり正電荷の変位 (移動) の向きを表す．$\vec{P}$ の大きさ P は単位面積あたりの正電荷の通過量であり，分極の度合いを表す．
- 誘電体表面の単位面積あたりの分極電荷の面密度を σ_p とすると，P の定義より，

$$\sigma_\text{p} = P \tag{7.1}$$

- 誘電体中に分極電荷による電場 $\vec{E}_\text{p}$ が生じると，元の電場 $\vec{E}_\text{o}$ と合わせて，全電場 $\vec{E}$ は，

$$\vec{E} = \vec{E}_\text{o} + \vec{E}_\text{p} \tag{7.2}$$

となる．$\vec{E}_\text{p}$ は $\vec{E}_\text{o}$ と逆向きなので，$\vec{E}$ は $\vec{E}_\text{o}$ より弱くなる．分極は全電場に比例し，

$$\vec{P} = \chi_\text{e} \vec{E} \tag{7.3}$$

と書ける．比例係数 χ_e を**電気感受率**と呼ぶ．
- 誘電体の**誘電率** ε は，

$$\varepsilon = \varepsilon_0 + \chi_\text{e} \tag{7.4}$$

と定義され，誘電率 ε と真空の誘電率 ε_0 の比を**比誘電率**という．

$$\varepsilon_\text{r} = \frac{\varepsilon}{\varepsilon_0} \tag{7.5}$$

- コンデンサの電極間を，比誘電率が ε_r の誘電体で充たすと，電気容量が ε_r 倍になる．

電束密度のおさらい

- 電束密度 $\vec{D}$ は，分極後の電場 $\vec{E}$ と分極ベクトル $\vec{P}$ を使って，

$$\vec{D} = \varepsilon_0 \vec{E} + \vec{P} \tag{7.6}$$

と定義される．式 (7.3) と式 (7.4) より，

$$\vec{D} = \varepsilon \vec{E} \tag{7.7}$$

- ガウスの法則は，$\vec{D}$ を用いると真電荷の密度 ρ_t だけで表現される．微分形，積分形は，

$$\text{div}\,\vec{D} = \rho_\text{t} \tag{7.8}$$

$$\int_\text{S} \vec{D} \cdot \vec{n}\,\text{d}S = \int_\text{V} \rho_\text{t}\,\text{d}V \tag{7.9}$$

となる．$\vec{E}$ で表現する場合と異なり，分極電荷を考えなくてよい．

1. 誘電体を満たした平行平板コンデンサ

> 面積 S の2枚の導体板を上下に距離 d だけ離して平行に置いた平行平板コンデンサがある．上と下の導体板 (極板) の電荷の面密度をそれぞれ $+\sigma, -\sigma$ とする ($\sigma > 0$)．上下の極板はどこにも接続されていない．

(a) 極板間に何もない場合のコンデンサの電気容量 C_0 を求めなさい．

(b) 極板間を完全に埋めるように，電気感受率が χ_e の誘電体を入れたところ分極が起こった．分極ベクトルを $\vec{P}$ とする．
  i. 誘電体中の電場 $\vec{E}$ と $\vec{P}$ の関係を書きなさい．
  ii. $\vec{E}$ の大きさをガウスの法則で求めなさい．
  iii. 極板間の電位差 V を求めなさい．
  iv. 上の極板の全電荷 Q を求めなさい．
  v. 誘電体を挟んだ状態のコンデンサの電気容量 C を求めなさい．

(c) 誘電体の比誘電率 ε_r を C_0 と C で表しなさい．

2. 誘電体を中途半端に入れた平行平板コンデンサ

> 面積 S の2枚の導体板を上下に距離 d だけ離して平行に置いた平行平板コンデンサがある．上下の極板はどこにも接続されていない．はじめ，上と下の導体板 (極板) の電荷の面密度がそれぞれ $+\sigma, -\sigma$ であったが，極板間に厚さ d の誘電率 ε の誘電体を，極板の面積の 1/3 を覆うまで入れたところ，上の極板の電荷の面密度が，誘電体のない部分と入っている部分でそれぞれ $+\sigma_1, +\sigma_2$ となった (下はそれぞれ $-\sigma_1, -\sigma_2$)．

(a) 誘電体がない部分と入っている部分のそれぞれについて，上下の極板間の電位差を求めることで，σ_1 の σ_2 に対する比を求めなさい．

(b) σ_2 を σ で表しなさい．

(c) コンデンサの 1/3 まで誘電体を入れたときの電気容量 C_1 を求めなさい．

3. 誘電体の境界条件

> 異なる誘電率 $\varepsilon_1, \varepsilon_2$ の誘電体 1,2 が平面の境界面で接している．誘電体 1 の電場 $\vec{E}_1$ は境界面へ向う向きで，境界面に垂直な方向と角 θ_1 をなす．誘電体 2 の電場 $\vec{E}_2$ は境界面から離れる向きで，境界面に垂直な方向と角 θ_2 をなす．誘電体 1,2 での電束密度を $\vec{D}_1, \vec{D}_2$ とする．境界面において電束密度と電場が満たす条件を求める．

(a) 電束密度 $\vec{D}_1, \vec{D}_2$ について，境界面に垂直な成分の大きさ D_{1n}, D_{2n} が満たす関係式を求めなさい．

(b) 電場 $\vec{E}_1, \vec{E}_2$ について，境界面に垂直な成分の大きさ E_{1n}, E_{2n} を求めなさい．

(c) 電場 $\vec{E}_1, \vec{E}_2$ について，境界面に平行な成分の大きさ E_{1t}, E_{2t} が満たす関係式を求めなさい．

(d) $\tan\theta_1 / \tan\theta_2$ を求めなさい．

第 7 章 [解答例]

1. 問題の内容を図示すると次のようになる．

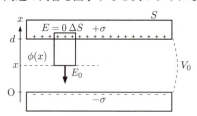

(a) この問題は第 6 章で扱ったコンデンサのおさらいである．コンデンサの電気容量を求めるときの方針を確認しておこう．

- 電気容量は $C_0 = Q/V_0$ から求まる．
- そこで，Q を求める (たいていの場合，電荷密度から求まる)．
- 極板の電位差 V_0 を求める．そのために極板間の電位 ϕ を求める．
- 電位を求めるためには，極板間の電場の大きさ E_0 を求める．

これを逆にたどれば，電気容量が求まる．

では，電場を求めるにはどうするか？ここでは，ガウスの法則の積分形が使える．これを使うには，適切な積分領域を設定しなければならない．どのようなものがよいだろう… ガウスの法則は既に何回か使ったはず．もうパターンを把握しましたか？ここでは，円柱を使おう．

[E をガウスの法則で求める]

はじめの図のように，円柱の上面が上の極板中，底面が極板間になるようにする．円柱の上面と底面の面積を ΔS としておく．これにガウスの法則の積分形，

$$\int_S \vec{E} \cdot \vec{n}\, dS = \frac{1}{\varepsilon_0} \int_V \rho\, dV$$

を適用することは，既に何度か行っているので，ここではざっと説明する．

まず，円柱表面での面積分を考える．円柱上面は，導体中だから電場が 0 である．そのた

め面積分も 0 になる．円柱側面は電場 $\vec{E}_0$ が側面に平行なので，側面に垂直な法線ベクトル $\vec{n}$ との内積が 0 になって，やはり面積分が 0 になる．残る底面では，電場ベクトルと法線ベクトルの内積が電場の大きさ E_0 に等しくなるので，面積分は $E_0 \Delta S$ となる．以上をまとめると，面積分は，

$$\int_S \vec{E} \cdot \vec{n}\, dS$$
$$= \int_{\text{上面}} \vec{E} \cdot \vec{n}\, dS + \int_{\text{側面}} \vec{E} \cdot \vec{n}\, dS + \int_{\text{底面}} \vec{E} \cdot \vec{n}\, dS$$
$$= \int_{\text{上面}} 0\, dS + \int_{\text{側面}} 0\, dS + E_0 \int_{\text{底面}} dS$$
$$= 0 + 0 + E_0 \Delta S = E_0 \Delta S$$

である．

次に，円柱内部の体積積分は電荷の合計を求める計算だから，実際に積分を行うまでもなく，

$$\frac{1}{\varepsilon_0} \int_V \rho\, dV$$
$$= \frac{1}{\varepsilon_0} (\text{円柱内部の全電荷}) = \frac{\sigma \Delta S}{\varepsilon_0}$$

と求まる．

ガウスの法則から，これらの面積分と体積積分が等しくなるので，

$$E_0 \Delta S = \frac{\sigma \Delta S}{\varepsilon_0}$$
$$E_0 = \frac{\sigma}{\varepsilon_0}$$

となる．上向き正の x 軸をとり，下の極板を $x=0$，上の極板を $x=d$ とすると，極板間の電場 $E(x)$ は下向き (つまり負) なので，

$$E(x) = -E_0 = -\frac{\sigma}{\varepsilon_0}$$

である．

[$E(x)$ から $\phi(x)$，そして V_0 を求める]

次に，極板間の電位 $\phi(x)$ は，第 5 章のおさ

らいの式 (5.3)
$$E(x) = -\frac{\mathrm{d}\phi(x)}{\mathrm{d}x}$$
の両辺を $x = 0 \sim d$ で定積分すると，
$$\int_0^d \frac{\mathrm{d}\phi(x)}{\mathrm{d}x}\mathrm{d}x = -\int_0^d E(x)\,\mathrm{d}x$$
$$\left[\phi(x)\right]_0^d = -\int_0^d (-E_0)\,\mathrm{d}x$$
$$\phi(d) - \phi(0) = E_0 \left[x\right]_0^d$$
$$V_0 = E_0\, d$$

となって，電位差 V_0 が求まる．ここでは丁寧に積分を行ったが，電場が定数である場合は，電場と距離の積が電位差になることを使ってもよい．

[電荷密度 σ から Q を求める]

コンデンサの (上の) 極板の全電荷 Q は，電荷の面密度の極板の面積を掛ければ求まる．

$$Q = \sigma S$$

[電気容量を求める]

以上より，コンデンサの電気容量 C_0 は，
$$C_0 = \frac{Q}{V_0} = \frac{\sigma S}{E_0 d} = \frac{\sigma S}{\frac{\sigma}{\varepsilon_0}d} = \underline{\varepsilon_0 \frac{S}{d}}$$

となる．

(b) 問題の内容を図示すると次のようになる．

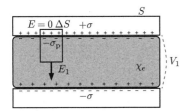

i. おさらいの式 (7.3) である．
$$\underline{\vec{P} = \chi_\mathrm{e} \vec{E}}$$

ii. (a) でガウスの法則を使ったのと同じように，積分領域とする円柱を図のように設定する．ガウスの面積分について，(a) の場合とは電場の大きさが異なるので，

それを E_1 としておくが，それ以外は (a) と同様である．よって，
$$\int_S \vec{E}\cdot\vec{n}\,\mathrm{d}S$$
$$= \int_{上面}\vec{E}\cdot\vec{n}\,\mathrm{d}S + \int_{側面}\vec{E}\cdot\vec{n}\,\mathrm{d}S + \int_{底面}\vec{E}\cdot\vec{n}\,\mathrm{d}S$$
$$= \int_{上面} 0\,\mathrm{d}S + \int_{側面} 0\,\mathrm{d}S + E_1\int_{底面}\mathrm{d}S$$
$$= 0 + 0 + E_1\,\Delta S = E\,\Delta S$$

となる．

ガウスの体積分についての (a) との違いは，円柱内に分極電荷があることである．分極電荷の面密度 σ_p は，おさらいの式 (7.1) のように分極の大きさ P である．円柱内の誘電体の表面積は ΔS なので，円柱内の負の分極電荷の量は，

$$-\sigma_\mathrm{p}\Delta S = -P\,\Delta S$$

である．この他に，電極表面の電荷がある．これを分極電荷と区別するために真電荷と呼ぶ．円柱内の真電荷は，$+\sigma\Delta S$ なので，円柱内部の電荷の合計を求める体積分は，実際に積分を行うまでもなく，

$$\frac{1}{\varepsilon_0}\int_V \rho\,\mathrm{d}V$$
$$= \frac{1}{\varepsilon_0}(円柱内部の全電荷)$$
$$= \frac{1}{\varepsilon_0}(\sigma\Delta S - P\Delta S)$$
$$= \frac{(\sigma - P)\Delta S}{\varepsilon_0}$$

となる．

ガウスの法則から，これらの面積分と体積分が等しくなるので，
$$E_1\,\Delta S = \frac{(\sigma - P)\Delta S}{\varepsilon_0}$$
$$E_1 = \frac{\sigma - P}{\varepsilon_0}$$

となる．

さて，P は問題文には出てこない．$\left|\vec{P}\right|$ としておいてもよいが，(b) i. の $\vec{P}$ と $\vec{E}$ の関係を使うと消去できる．ベクトルが等しいということは大きさも等しいので，

$$\left|\vec{P}\right| = \chi_\mathrm{e} \left|\vec{E}\right|$$
$$P = \chi_\mathrm{e} E_1$$

ここでは $\vec{E}$ の大きさを E_1 としていることを思い出そう．これを代入して P を消去すると，

$$E_1 = \frac{\sigma - \chi_\mathrm{e} E_1}{\varepsilon_0}$$

両辺に E_1 が含まれるので，式を変形して E_1 について整理すると，

$$\varepsilon_0 E_1 = \sigma - \chi_\mathrm{e} E_1$$
$$(\varepsilon_0 + \chi_\mathrm{e}) E_1 = \sigma$$
$$E_1 = \frac{\sigma}{\varepsilon_0 + \chi_\mathrm{e}}$$

が得られる．

少し寄り道してみる．誘電体の誘電率を ε とすると，おさらいの式 (7.4) より，

$$E_1 = \frac{\sigma}{\varepsilon_0 + \chi_\mathrm{e}} = \frac{\sigma}{\varepsilon}$$

である．(a) のように極板間が真空だったところに，(b) のように誘電率 ε の誘電体を入れると，極板間の電場は，(a) で求めた E_0 の真空の誘電率 ε_0 を ε に置き換えたものになる．分極電荷の面密度 $\sigma_\mathrm{p}(= P)$ はこの式の表面には現れない．いったい何処にいったのか？分極電荷の効果は，誘電体の誘電率 ε に電気感受率 χ_e としてちゃんと組み込まれているのである．ところで，定数 ε_0 の名称は「真空の誘電率」だが，だからと言って，真空が分極するなどという誤解をしないように．

iii. 極板間の電場 $E(x)$ は，$\vec{E}$ が下向きであることから，

$$E(x) = -E_1 = -\frac{\sigma}{\varepsilon_0 + \chi_\mathrm{e}}$$

と書ける．(a) のように，これを電場と電位の関係式に代入して，定積分を行ってもよいが，ここでは，電場が定数であることから，電位差を電場と距離の積として求める．

$$V = E_1 d = \frac{\sigma}{\varepsilon_0 + \chi_\mathrm{e}} d$$

となる．(b) ii. の結果を代入した．

iv. 分極電荷が現れても，極板上の電荷に変化はないから，(a) で求めた極板上の全電荷 Q と同じである．

$$Q = \underline{\sigma S}$$

v. 誘電体を挟んだときの電気容量 C は，(b) iii. と iv. の結果より，

$$C = \frac{Q}{V} = \frac{\sigma S}{\frac{\sigma}{\varepsilon_0 + \chi_\mathrm{e}} d} = \underline{(\varepsilon_0 + \chi_\mathrm{e}) \frac{S}{d}}$$

となる．

ここでも，おさらいの式 (7.4) を使って，(b) ii. のように寄り道をしてみると，

$$C = (\varepsilon_0 + \chi_\mathrm{e}) \frac{S}{d} = \varepsilon \frac{S}{d}$$

となる．電気容量についても，(a) で求めた C_0 の真空の誘電率 ε_0 を誘電体の誘電率 ε に置き換えたものになる．

(c) C と C_0 の比をとって，(a) の結果と (b) v. の寄り道で求めた式を代入すると，

$$\frac{C}{C_0} = \frac{\varepsilon \frac{S}{d}}{\varepsilon_0 \frac{S}{d}} = \frac{\varepsilon}{\varepsilon_0}$$

となる．これは，おさらいの式 (7.5) で定義される比誘電率 ε_r である．よって，

$$\varepsilon_\mathrm{r} = \underline{\frac{C}{C_0}}$$

である．これより，比誘電率 ε_r は，誘電体を入れることでコンデンサの電気容量が何倍になるかを示す量であることがわかる．

2. 問題の内容を図示すると次のようになる．

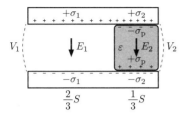

(a) 極板間の電位差を求めるためには，極板間の電場を求めればよい．ガウスの法則を使って，電場を求める方法は，第6章や問1．で扱った．上下の極板の向かい合った表面に面密度 $\pm\sigma$ で電荷が分布し，極板間の誘電体の誘電率が ε のとき，極板間の電場の大きさ E は，問1.(b) ii.(の寄り道) で求めたように，

$$E = \frac{\sigma}{\varepsilon}$$

となる．極板間に物質がないときは，ε を真空の誘電率 ε_0 で置き換えればよい．ここでは，求め方を省略して結果を使うことにする．もちろん，これでは落ち着かないという場合は，改めて求め直してもよい (その方が復習になる)．

もう1つ，電場 E が定数である場合の電位差 V が電場 E と距離 d の積

$$V = Ed$$

で求まることも既知のこととして使う．それでは気が済まないという場合は，電場と電位の関係式を定積分して，改めて導いてもよい．

さて，まずは誘電体が入っていない部分について考える．この部分の上下の極板の向き合った表面には面密度 $\pm\sigma_1$ の電荷が分布しているので，極板間の電場の大きさを E_1 とすると，

$$E_1 = \frac{\sigma_1}{\varepsilon_0}$$

となる．極板間には物質がないので，分母は真空の誘電率となる．これより，この部分の上下の極板間の電位差 V_1 は，

$$V_1 = E_1 d = \frac{\sigma_1}{\varepsilon_0} d$$

である．

次に，誘電率 ε の誘電体が入っている部分について考える．この部分の上下の極板の向き合った表面には面密度 $\pm\sigma_2$ の電荷が分布しているので，極板間の電場の大きさを E_2 とすると，

$$E_2 = \frac{\sigma_2}{\varepsilon}$$

となる．これより，この部分の上下の極板間の電位差 V_2 は，

$$V_2 = E_2 d = \frac{\sigma_2}{\varepsilon} d$$

である．

ところで，V_1 と V_2 はどのような関係になっているだろうか？誘電体の有無にかかわらず，導体は等電位となる．つまり，導体の続く限り同じ電位になっている．上の極板は等電位，下の極板もまた上の極板とは異なる電位で等電位になっている．従って，上の極板と下の極板の電位差はどの場所で見ても，誘電体の有無にかかわらず，同じになる．よって，

$$V_1 = V_2$$
$$\frac{\sigma_1}{\varepsilon_0} d = \frac{\sigma_2}{\varepsilon} d$$

となり，σ_1 の σ_2 に対する比は，

$$\frac{\sigma_1}{\sigma_2} = \frac{\varepsilon_0}{\varepsilon}$$

となる．

(b) 誘電体を入れる前後で，極板の電荷の合計は変化しない．極板がどこかに導体で接続されていれば，電荷が極板外に移動したり，

極板外から移動してくるが，この問題では上下の極板は孤立している．誘電体は絶縁体なので極板との電荷のやりとりはない．

そこで，上の極板について考える．誘電体を入れる前の全電荷 Q は，
$$Q = \sigma S$$
である．誘電体を入れた後は，誘電体がない部分は電荷密度が σ_1 で面積が $\frac{2}{3}S$，誘電体がある部分は電荷密度が σ_2 で面積が $\frac{1}{3}S$ なので，
$$Q = \sigma_1 \frac{2}{3}S + \sigma_2 \frac{1}{3}S$$
よって，
$$\sigma S = \sigma_1 \frac{2}{3}S + \sigma_2 \frac{1}{3}S$$
$$\sigma = \frac{2}{3}\sigma_1 + \frac{1}{3}\sigma_2$$
となる．これに (a) の結果を変形した
$$\sigma_1 = \frac{\varepsilon_0}{\varepsilon}\sigma_2$$
を代入して，σ_1 を消去すると，
$$\sigma = \frac{2}{3}\frac{\varepsilon_0}{\varepsilon}\sigma_2 + \frac{1}{3}\sigma_2$$
$$= \frac{2\varepsilon_0 + \varepsilon}{3\varepsilon}\sigma_2$$
$$\sigma_2 = \frac{3\varepsilon}{2\varepsilon_0 + \varepsilon}\sigma$$
となる．ちなみに，σ_1 も求めておくと，
$$\sigma_1 = \frac{\varepsilon_0}{\varepsilon}\sigma_2$$
$$= \frac{\varepsilon_0}{\varepsilon}\frac{3\varepsilon}{2\varepsilon_0 + \varepsilon}\sigma$$
$$= \frac{3\varepsilon_0}{2\varepsilon_0 + \varepsilon}\sigma$$

(c) 第 6 章のおさらいの式より，
$$C_1 = \frac{Q}{V_2}$$
$V_1 = V_2$ なので，誘電体の入っている部分だけで考えているわけではない．(a) で求めた極板間の電位差 V_2 に，(b) の結果を代入すると，
$$V_2 = \frac{\sigma_2}{\varepsilon}d$$
$$= \frac{1}{\varepsilon}\frac{3\varepsilon}{2\varepsilon_0 + \varepsilon}\sigma d$$
$$= \frac{3}{2\varepsilon_0 + \varepsilon}\sigma d$$
となる．これと (b) で求めた全電荷 Q をはじめの式に代入すると，
$$C_1 = \frac{\sigma S}{\frac{3}{2\varepsilon_0 + \varepsilon}\sigma d}$$
$$= \frac{2\varepsilon_0 + \varepsilon}{3}\frac{S}{d} \quad \left(= \frac{2\varepsilon_0 + \varepsilon}{3\varepsilon_0}\varepsilon_0\frac{S}{d} \right)$$
となる．最後の式変形は，誘電体を入れない場合の電気容量
$$C_0 = \varepsilon_0 \frac{S}{d}$$
と，比較するためである．
$$C_1 = \frac{2\varepsilon_0 + \varepsilon}{3\varepsilon_0}C_0$$
$$= \left(\frac{2}{3} + \frac{1}{3}\frac{\varepsilon}{\varepsilon_0} \right)C_0$$
$$= \left(\frac{2}{3} + \frac{1}{3}\varepsilon_r \right)C_0$$
となっていることがわかる．誘電体の入っていない 2/3 の部分の電気容量はそのままで，1/3 の部分には比誘電率 ε_r の誘電体を入れた効果が出ることを表している．これは，はじめのコンデンサを 2/3 と 1/3 のサイズに切り分けて 2 個のコンデンサとして並列につなぎ，
$$C_1 = \frac{2}{3}C_0 + \frac{1}{3}C_0$$
さらに，1/3 の方に比誘電率 ε_r の誘電体を入れた場合の式，
$$C_1 = \frac{2}{3}C_0 + \varepsilon_\mathrm{r}\frac{1}{3}C_0$$
と等価である．これを図示すると次のようになる．

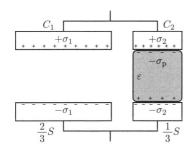

3. 問題文の状況を図にすると，次のようになる．

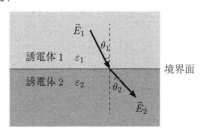

電場は，境界面で，大きさのみならず向きも変わるかもしれない．電場だけを描き込んだが，電束密度も同様である．

(a) おさらいの式 (7.9) の電束密度 $\vec{D}$ で表したガウスの法則の積分形を使う．

$$\int_S \vec{D} \cdot \vec{n}\, dS = \int_V \rho_t\, dV$$

電場 $\vec{E}$ で表した式と異なり，電荷密度 ρ_t は真電荷だけを考えればよく，分極電荷を気にしなくてよいのが楽である．

さて，積分領域としては，境界面にまたがる微小な円柱を使う．上面は誘電体 1 の側，底面は誘電体 2 の側にあり，上面も底面も境界面に平行で，限りなく近いものとする (円柱というより円板である)．この円柱では，側面積が限りなくゼロに近いので，側面の面積分をゼロとみなすことができる．従って，左辺の面積分は，

$$\int_S \vec{D} \cdot \vec{n}\, dS = \int_{上面} \vec{D}_1 \cdot \vec{n}\, dS + \int_{底面} \vec{D}_2 \cdot \vec{n}\, dS$$

を求めればよい．

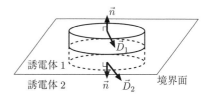

俯瞰図 (鳥瞰図) より，横から見た平面図 (断面図) の方がわかりやすいかもしれない．

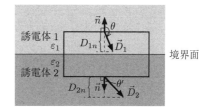

まず，円柱の上面では

$$\vec{D}_1 \cdot \vec{n} = |\vec{D}_1| \cdot 1 \cdot \cos\theta = -D_{1n}$$

となる．$\theta > \pi/2$ のため $\cos\theta < 0$ であり，内積は負になる．そして，底面では

$$\vec{D}_2 \cdot \vec{n} = |\vec{D}_2| \cdot 1 \cdot \cos\theta' = D_{2n}$$

となる．以上より，面積分は

$$\int_S \vec{D} \cdot \vec{n}\, dS = \int_{上面}(-D_{1n})\, dS + \int_{底面} D_{2n}\, dS$$

$$= -D_{1n}\int_{上面} dS + D_{2n}\int_{底面} dS$$

$$= (-D_{1n} + D_{2n})\Delta S$$

微小な円柱を想定しているので，上面と底面のそれぞれで，電束密度は一様とみなせる．つまり，定数として積分の外に出せる．また，上面と底面の面積を ΔS と置いた．

次に，右辺の電荷密度の体積分である．ところで，誘電体 (絶縁体) 中に真電荷は存在しない (正確には電気的に中性)．分極電荷は存在するかもしれないが，はじめに述べたように今は考えなくてよい．従って，

$$\int_V \rho_t\, dV = 0$$

ガウスの法則より，面積分と体積分が等しい

ので，
$$(-D_{1\mathrm{n}} + D_{2\mathrm{n}})\Delta S = 0$$
$$\underline{D_{1\mathrm{n}} = D_{2\mathrm{n}}}$$
となる．このように，電束密度の境界面に垂直な成分は連続である．平行な成分はどうであろうか？それは (c) でわかる．

(b) 誘電体内なので，おさらいの式 (7.7) を使う．ベクトルで成り立つ式は，成分ごとにも成り立つ．誘電体1について，境界面に垂直な方向の成分を考えると，
$$E_{1\mathrm{n}} = \frac{D_{1\mathrm{n}}}{\varepsilon_1}$$
となる．誘電体2でも同様に
$$E_{2\mathrm{n}} = \frac{D_{2\mathrm{n}}}{\varepsilon_2}$$
である．(a) より $D_{1\mathrm{n}} = D_{2\mathrm{n}}$, $\varepsilon_1 \neq \varepsilon_2$ なので，$E_{1\mathrm{n}} \neq E_{2\mathrm{n}}$ である．つまり，電場の境界面に垂直な成分は不連続になる．平行な成分については (c) でわかる．

(c) 名無しの法則の積分形を使う．おさらいの式 (5.10) である．
$$\oint_{\mathrm{C}} \vec{E} \cdot \mathrm{d}\vec{l} = 0$$
積分経路 C は，次の図のように境界面をまたぐ微小な長方形とする．積分経路上の線素ベクトルは $\mathrm{d}\vec{l}$ にした．$\mathrm{d}\vec{l}$ は経路 C の向きを示している（経路はどちら向きでもよい）．境界面を横切る辺の長さは無視できるくらい短くする．そうすると，それらの辺における積分はゼロとみなせる．

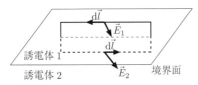

横から見た平面図も描いておく．

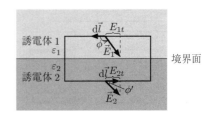

まず，誘電体1内の長方形の辺（上辺）では，
$$\vec{E}_1 \cdot \mathrm{d}\vec{l} = \left|\vec{E}_1\right|\left|\mathrm{d}\vec{l}\right|\cos\phi = -E_{1\mathrm{t}}\,\mathrm{d}l$$
となる．$\phi > \pi/2$ なので，$\cos\phi < 0$ であり，内積は負になる．そして，誘電体2内の長方形の辺（下辺）では，
$$\vec{E}_2 \cdot \mathrm{d}\vec{l} = \left|\vec{E}_2\right|\left|\mathrm{d}\vec{l}\right|\cos\phi' = E_{2\mathrm{t}}\,\mathrm{d}l$$
となる．$\phi' < \pi/2$ なので，$\cos\phi' > 0$ であり，内積は正になる．以上より，
$$\oint_{\mathrm{C}} \vec{E} \cdot \mathrm{d}\vec{l} = \int_{\text{上辺}} (-E_{1\mathrm{t}})\,\mathrm{d}l + \int_{\text{下辺}} E_{2\mathrm{t}}\,\mathrm{d}l$$
$$= -E_{1\mathrm{t}}\int_{\text{上辺}} \mathrm{d}l + E_{2\mathrm{t}}\int_{\text{下辺}} \mathrm{d}l$$
$$= -E_{1\mathrm{t}}\Delta L + E_{2\mathrm{t}}\Delta L = 0$$
となる．微小な長方形を想定しているので，各辺における電場の境界面に平行な成分は定数とみなせる．つまり，定数として積部の外に出した．また，上辺と下辺の長さを ΔL とした．結局，
$$\underline{E_{1\mathrm{t}} = E_{2\mathrm{t}}}$$
が成り立つ．このように，電場の境界面に平行な成分は連続である．さらに，おさらいの式 (7.7) を使うと（$E_{1\mathrm{t}} = D_{1\mathrm{t}}/\varepsilon_1$ など），
$$\frac{D_{1\mathrm{t}}}{\varepsilon_1} = \frac{D_{2\mathrm{t}}}{\varepsilon_2}$$
が成り立ち，$\varepsilon_1 \neq \varepsilon_2$ より，$D_{1\mathrm{t}} \neq D_{2\mathrm{t}}$ である．つまり，電束密度の境界面に平行な成分は不連続になる．

(d) ここまでの電場に関する結果を図にまとめておく．

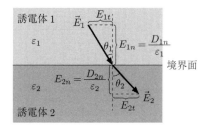

この図より,
$$\tan\theta_1 = \frac{E_{1t}}{E_{1n}}, \quad \tan\theta_2 = \frac{E_{2t}}{E_{2n}}$$
である. 従って,
$$\frac{\tan\theta_1}{\tan\theta_2} = \frac{E_{1t}}{E_{1n}} \div \frac{E_{2t}}{E_{2n}} = \frac{E_{1t}}{E_{1n}} \times \frac{E_{2n}}{E_{2t}} = \frac{E_{2n}}{E_{1n}}$$
となる. (c) の結果 $E_{1t} = E_{2t}$ を使った. さらに (b) の結果を代入すると,
$$\frac{\tan\theta_1}{\tan\theta_2} = \frac{D_{2n}/\varepsilon_2}{D_{1n}/\varepsilon_1} = \frac{\varepsilon_1}{\varepsilon_2}\frac{D_{2n}}{D_{1n}} = \underline{\frac{\varepsilon_1}{\varepsilon_2}}$$
となる. (a) の結果 $D_{1n} = D_{2n}$ も使った.

最後に, 境界面での条件についてまとめておこう. まず, 電束密度は, 垂直成分が連続で, 平行成分が不連続である. そして, 電場は, 平行成分が連続で, 垂直成分が不連続となる.

第7章 おしまい … お疲れ様でした.

第8章

電流

この章の記号や条件等の説明

- $\vec{A}, \vec{a}, \vec{x}, \boldsymbol{A}, \boldsymbol{a}, \boldsymbol{x}$ ベクトルは矢印や太字 (黒板では二重線) で表されるが，本書では矢印表記を用いる．
- t 時間，時刻．
- Q, $Q(t)$ 電荷．
- I, $I(t)$ 電流．
- V 電圧．
- R (電気) 抵抗．
- ρ (電気) 抵抗率または比抵抗．注：電荷の体積密度とは別物．
- σ 電気伝導率．抵抗率の逆数．注：電荷の面密度とは別物．
- S 導体の断面積．
- $\vec{i}$, $\vec{i}(\vec{x})$ 電流密度ベクトル．

抵抗のおさらい

- オームの法則
$$I = \frac{V}{R} \tag{8.1}$$
電流 I [A] (アンペア), 電圧 V [V] (ボルト), 抵抗 R [Ω] (オーム)

- 物質の抵抗率 ρ (電荷の体積密度とは別物)
$$R = \rho \frac{l}{S} \tag{8.2}$$
抵抗 R [Ω], 長さ l [m], 断面積 S [m^2] の場合, 抵抗率 ρ の単位は [Ω·m] となる.

- 抵抗 R_1, R_2 の合成抵抗 R
$$R = R_1 + R_2 \quad (直列接続) \tag{8.3}$$
$$\frac{1}{R} = \frac{1}{R_1} + \frac{1}{R_2} \quad (並列接続) \tag{8.4}$$
並列接続のときは式 (8.4) より
$$R = \frac{1}{\frac{1}{R_1} + \frac{1}{R_2}} = \frac{R_1 R_2}{R_1 + R_2} \tag{8.5}$$

電流のおさらい

- 電流はある断面を単位時間あたりに通過する電荷 (電気量). 例えば，ある断面を時間 Δt の間に ΔQ の電荷 (電気量) が通過したときの電流 I は，

$$I = \frac{\Delta Q}{\Delta t} \tag{8.6}$$

時間 Δt [s] の間に，電荷 ΔQ [C] が断面を通過して，電流 I [A] が流れたことになる．

- 時間変化しない電流を定常電流という．電流が一定ということは，ある断面を通過する単位時間あたりの電気量が一定ということである．

- 時刻 t における電流 $I(t)$ (つまり，時刻 t の瞬間の電流) と電荷 $Q(t)$ の関係は，

$$I(t) = \frac{dQ(t)}{dt} \left(= \lim_{\Delta t \to 0} \frac{\Delta Q}{\Delta t} \right) \tag{8.7}$$

- 電流密度ベクトル $\vec{i}$ は，単位面積あたりの電流の大きさ $i = \left|\vec{i}\right|$ と，電流の向きを表す．

  * 電流 I が面 S を垂直に横切る場合は，

$$i = \frac{I}{S} \tag{8.8}$$

  より，

$$I = iS \tag{8.9}$$

  * 電流 I が面 S に垂直な法線ベクトル $\vec{n}$ と θ の角度をなして面を横切る場合は，

$$I = \vec{i} \cdot \vec{n}\, S \tag{8.10}$$
$$= iS\cos\theta \tag{8.11}$$

  この式で $\theta = 0$ とすれば，電流が面を垂直に横切る場合にも通用する (つまり，式 (8.9) が得られる)．よって，実は式 (8.10) は電流を求める一般式である．

- 電流密度ベクトル $\vec{i}$ を使うと，オームの法則は電場 $\vec{E}$ と抵抗率 ρ を用いて，

$$\vec{i} = \frac{1}{\rho}\vec{E} \tag{8.12}$$
$$= \sigma \vec{E} \tag{8.13}$$

と表せる．抵抗率 ρ の逆数である σ は，**電気伝導率** (注：電荷の面密度とは別物) である．

1. 抵抗率，オームの法則

> 半径 r，長さ l のニクロム線の両端に電圧 V をかけた．ニクロム線の抵抗率 (比抵抗) を ρ とする．

(a) ニクロム線の電気抵抗 R を r, l, ρ を用いて表しなさい．

(b) $r = 1.0$ mm, $l = 2.0$ m, $\rho = 1.1 \times 10^{-6}$ $\Omega \cdot$m のとき，抵抗値 R を求めなさい．

(c) $V = 10$ V のとき，この導線 (ニクロム線) に流れる電流 I の強さを求めなさい．

2. 合成抵抗

> 抵抗が 2 つある．それぞれの電気抵抗を R_1, R_2 とするとき，

(a) 直列につなげたときの合成抵抗を表しなさい．

(b) 並列につなげたときの合成抵抗を表しなさい．

(c) $R_1 = 250$ kΩ, $R_2 = 2.5$ MΩ として並列接続の場合の合成抵抗の値を求めなさい．

3. 電荷と電流

> 電圧 V の電池に，電気抵抗 R を接続した．

(a) 時間 Δt の間に電池から流れ出す電荷 ΔQ を求めなさい．

(b) $V = 1.5$ V, $R = 2.0$ kΩ のとき，$\Delta t = 10$ 分間に流れ出す電荷 ΔQ を求めなさい．

4. 電流密度

> 直線状の導線に電流 I が流れている．導線に垂直な断面の面積を S とする．

(a) 電流密度の大きさ i を求めなさい．

(b) 導線を斜めに切る断面の面積を S' とする．S と S' のなす角を θ とするとき，S' を求めなさい．

(c) 断面 S' を横切る電流 I' を求め，それが I に等しいことを示しなさい．

第 8 章 [解答例]

1. (a) おさらいの式 (8.2) を使う．ニクロム線の断面積 S は $S = \pi r^2$ (円の面積) なので，
$$R = \rho \frac{l}{\pi r^2}$$

(b) まず，**良くない**答え方の例．
$$R = 1.1 \times 10^{-6} \frac{2.0}{3.14 \times (1.0 \times 10^{-3})^2}$$
$$= \underline{0.70\ \Omega}$$

答は合っている．何が良くないか？ 2 つある．1 つは，(変数のままの) 式がなく，いきなり値が代入されている．式を書いておけば，間違いにくくなるし，間違っても気が付きやすい．もう 1 つは，代入値 r の単位が勝手に変換されている．最悪の場合，単位の変換をせずに代入して誤答になる．

次に，**良い**答え方の例．(a) の式に，
$$\begin{cases} r = 1.0\ \text{mm} = 1.0 \times 10^{-3}\ \text{m} \\ l = 2.0\ \text{m} \\ \rho = 1.1 \times 10^{-6}\ \Omega \cdot \text{m} \end{cases}$$
を代入すると，
$$R = \rho \frac{l}{\pi r^2}$$
$$= 1.1 \times 10^{-6} \frac{2.0}{3.14 \times (1.0 \times 10^{-3})^2}$$
$$= \underline{0.70\ \Omega}$$

この例では，計算をする前に代入値を単位と共に示し，単位の変換も示したので，式中の単位は省略した．逆に，式に単位を書き込めば，事前の代入値の列挙を省略してもよい (が，式が繁雑になるときは要注意)．

ところで，電熱線として使われるニクロム線というのは，ニッケル (60〜80%) とクロム (12〜20%) と鉄 (少量) とマンガン (少量) の合金である．抵抗が大きく，融点が高い．これに対して，抵抗が一番小さいのは銀で，その抵抗率は常温で，
$$\rho = 1.62 \times 10^{-8}\ \Omega \cdot \text{m}$$
である．これを電線に使えば，送電のロスが少なくて最も効率的だが，残念ながら高価である．そこで，実際の電線には銅が使われる．その抵抗率は常温で，
$$\rho = 1.72 \times 10^{-8}\ \Omega \cdot \text{m}$$
である．以上，ミニ知識おわり．

(c) おさらいの式 (8.1) (オームの法則) を使う．
$$I = \frac{V}{R} = \frac{10\ \text{V}}{0.70\ \Omega} = \underline{14\ \text{A}}$$
事前に代入値を列挙する代わりに，式中に単位を書いてみました．ところで，ちゃんと式を書きましたか？

2. (a) 直列接続は次の図を参照．

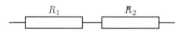

図のように抵抗を直列につないだ場合，電流の流れる経路が長くなるぶん抵抗値 (電流の流れにくさ) は増える．おさらいの式 (8.3) より，合成抵抗 R は
$$\underline{R = R_1 + R_2}$$

(b) 並列接続は次の図を参照．

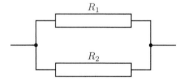

逆に，図のように抵抗を並列につなぐと，電流の流れる経路が分散して電流が流れやすくなる．つまり抵抗値は減る．おさらいの式 (8.4) を変形した式 (8.5) より合成抵抗値 R' は
$$\underline{R' = \frac{R_1 R_2}{R_1 + R_2}}$$

余談だが，答えの式を変形すると
$$R' = R_1 \frac{R_2}{R_1 + R_2} < R_1$$
R' は R_1 より小さい．また
$$R' = R_2 \frac{R_1}{R_1 + R_2} < R_2$$
R_2 よりも小さいことがわかる．
何が言いたいかというと，並列につなぐと電流の流れる経路が増えるので，全体の抵抗(つまり合成抵抗)が小さくなる．従って，合成抵抗 R' は R_1, R_2 よりも小さくなるのである．

(c) まず，R_1, R_2 の単位を揃える．どちらに揃えてもよい．ここでは R_2 の [MΩ] に揃えると，$R_1 = 250\,\text{kΩ} = 0.25\,\text{MΩ}$．これを (b) の式に代入すると
$$\begin{aligned}R' &= \frac{R_1 R_2}{R_1 + R_2}\\ &= \frac{0.25\,\text{MΩ} \times 2.5\,\text{MΩ}}{0.25\,\text{MΩ} + 2.5\,\text{MΩ}}\\ &= \underline{0.23\,\text{MΩ}\,(= 230\,\text{kΩ})}\end{aligned}$$
もちろん，$R_1 = 250 \times 10^3\,\text{Ω}$，$R_2 = 2.5 \times 10^6\,\text{Ω}$ としてもよい．同じ結果 $R' = 2.3 \times 10^5\,\text{Ω}$ が得られる．
ところで，ちゃんと出だしの式を書きましたか？

3. 誤解は生じにくいとは思うが，念のため電池と抵抗の配線図を示しておく．

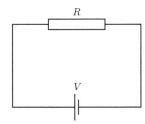

(a) まずは，おさらいの式 (8.1) (オームの法則) を使って，電流 I を求めよう．
$$I = \frac{V}{R}$$

時間 Δt の間に電池から流れ出す電荷 ΔQ は，電池から流れ出す電流 I がわかったので，それをおさらいの式 (8.6) を変形したものに代入すると，
$$\begin{aligned}\Delta Q &= I\,\Delta t\\ &= \underline{\frac{V}{R}\Delta t}\end{aligned}$$

(b) (a) の結果に，
$$\begin{cases}V = 1.5\,\text{V}\\ R = 2.0\,\text{kΩ} = 2.0 \times 10^3\,\text{Ω}\\ \Delta t = 10\,\text{分} = 600\,\text{s}\end{cases}$$
を代入すると，
$$\begin{aligned}\Delta Q &= \frac{V}{R}\Delta t\\ &= \frac{1.5}{2.0 \times 10^3} \times 600\\ &= \underline{0.45\,\text{C}}\end{aligned}$$
ところで，出だしの式をちゃんと書きましたか？(しつこい!?)
それから，電荷の単位 [C] は大文字で書きましたか？(おせっかい!?)
ついでに電流値を求めておくと，
$$I = \frac{V}{R} = \frac{1.5}{2.0 \times 10^3} = 0.75\,\text{mA}$$
です．

4. 電流は直線状の導線に沿って流れているので，電流密度ベクトル $\vec{i}$ も次の図のように導線に沿った向きである．

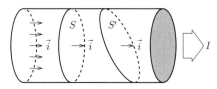

(a) 電流と断面 S は垂直なので，おさらいの式 (8.8) より，
$$i = \underline{\frac{I}{S}}$$

または，おさらいの式 (8.10) を使ってもよい．断面 S に垂直な法線ベクトル $\vec{n}$ と $\vec{i}$ が同じ向きなので，おさらいの式 (8.10) で $\theta = 0$ とすると ($\vec{n}$ は単位ベクトルでもあることに注意して)，

$$I = \vec{i} \cdot \vec{n}\, S$$
$$= iS\cos 0 = iS$$

となる．これからも同じ結果が得られる．

(b) 次の図のように，導線の横から断面 S, S' を見るとわかりやすい．

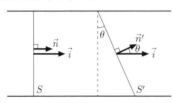

S は S' の射影になっているので

$$S = S'\cos\theta$$
$$\therefore\ S' = \frac{S}{\cos\theta}$$

(c) 断面 S' の法線ベクトルを $\vec{n}'$ とすると，(b) の図に示したように，電流密度ベクトル $\vec{i}$ と $\vec{n}'$ のなす角が θ になることがわかるだろうか？例えば，断面 S の法線ベクトル $\vec{n}$ に着目し，断面 S をゆっくりと斜めに傾けていくのを想像しよう．そのとき $\vec{n}$ も断面 S と同時にゆっくりと向きを変えていく．…断面 S と $\vec{n}$ がシンクロして傾いていくのを想像できていますか？断面 S は θ だけ傾くと断面 S' と平行になる．それと同時に $\vec{n}$ も θ だけ向きを変えると，$\vec{n}'$ と同じ向きになる．つまり，元の $\vec{n}$ と $\vec{n}'$ のなす角は θ である．$\vec{n}$ と $\vec{i}$ は平行だから，結局 $\vec{i}$ と $\vec{n}'$ のなす角も θ である．

さて，電流は $\vec{n}'$ と θ の角をなして，断面 S' を通過するので，おさらいの式 (8.10) より，

$$I' = \vec{i} \cdot \vec{n}'\, S'$$

この内積を行うと ($\vec{n}'$ が単位ベクトルでもあることに注意して)，

$$I' = \left|\vec{i}\right|\,|\vec{n}'|\cos\theta\, S'$$
$$= i \times 1 \times \cos\theta \times S'$$
$$= iS'\cos\theta$$

これに (b) の結果を代入すると，

$$I' = i\,\frac{S}{\cos\theta}\,\cos\theta$$
$$= iS$$

さらに，(a) の結果を代入すると，

$$I' = \frac{I}{S}S = \underline{I}$$

となる．結局，電流が通過する断面として，S のような電流に垂直な断面で考えても，S' のような傾いた断面で考えても，おさらいの式 (8.10) を使えば同じ電流 I が得られる．この式を使えば，(b) で考えたような面の傾きによって生じる $\cos\theta$ が，電流密度ベクトルと法線ベクトルの内積をとる際に出てくる $\cos\theta$ と打ち消し合う．

逆に考えてみよう．つまり，電流を求める式 (おさらいの式 (8.10)) に，なぜ内積が含まれているか？もう一度，傾いた断面 S' の場合をおさらいしてみると，

$$I' = \vec{i} \cdot \vec{n}'\, S'$$
$$= \left|\vec{i}\right|\,|\vec{n}'|\,\underline{S'\cos\theta}$$
$$= \left|\vec{i}\right|\,|\vec{n}'|\,\underline{S}$$

内積が含まれていることによって，(b) の式に対応する二重下線部分のような，斜めになって大きくなった断面 S' を垂直断面の面積 S に補正する仕掛けになっているのである．

第 8 章 おしまい … お疲れ様でした．

第9章

回路 (キルヒホッフの法則)

この章の記号や条件等の説明

• $\vec{A}, \vec{a}, \vec{x}, \boldsymbol{A}, \boldsymbol{a}, \boldsymbol{x}$	ベクトルは矢印や太字 (黒板では二重線) で表されるが，本書では矢印表記を用いる．
• $I(t), I, I_1, I_2, \cdots$	電流．
• $V(t), V, V_1, V_2, \cdots$	電位差．
• $Q(t)$	電荷．
• $V_e(t), V_e$	起電力．
• $R, R_1, R_2, \cdots$	(電気) 抵抗．
• $C, C_1, C_2, \cdots$	コンデンサの電気容量．

キルヒホッフの第1法則のおさらい

- 回路の分岐点から N 本の導線に向かって，それぞれ電流 $I_1, \cdots, I_N$ が流れ出しているとき，分岐点や導線の特定部位に電荷が溜まったり，電荷が湧き出したりしなければ，
$$\sum_{i=1}^{N} = I_1 + I_2 + \cdots + I_N = 0 \tag{9.1}$$
となる．分岐点に向かって電流が流れ込んでいる場合は，負の電流値として扱う．これを**キルヒホッフの第1法則**という．

- これを使うときは，分岐点に流れ込む電流を正とみなす $I_A, I_B, \cdots$ と，分岐点から流れ出す電流を正とみなす $I_\alpha, I_\beta, \cdots$ を用いて，
$$I_A + I_B + \cdots = I_\alpha + I_\beta + \cdots \tag{9.2}$$
とすることが多い．つまり，分岐点に流入した電流は，全て流出すると考える．

回路素子のおさらい

- 電気抵抗，コンデンサ，コイルなどの回路素子のうち，ここでは電気抵抗とコンデンサを扱おう．
- **電気抵抗の電位差**: 電流 $I(t)$ が流れている電気抵抗 R の両端には電位差 (電圧)$V(t)$ が生じている．電流は電位の高い方から低い方へ流れるので，電流が抵抗に流れ込む方と比べて，電流が流れ出す方は電位が低い．これを**電圧降下**という．オームの法則から，

$$V(t) = R\,I(t) \tag{9.3}$$

が成り立つ．

- **コンデンサの電位差**: 電気容量 C のコンデンサの極板に蓄えられている電荷を Q とすると，

$$Q(t) = C\,V(t) \tag{9.4}$$

が成り立つ．

- **コンデンサの電荷と電流の関係**: 電流 I が流れ込む方の極板の電荷を $+Q$ と決めておくと，電流が流れることでコンデンサの電荷は増加するので，

$$I(t) = \frac{\mathrm{d}\,Q(t)}{\mathrm{d}t} \tag{9.5}$$

となる．これに対して，電流 I が流れ出す方の極板の電荷を $+Q$ とした場合は，電流が流れることによってコンデンサの電荷 Q は減少する．従って，

$$I(t) = -\frac{\mathrm{d}\,Q(t)}{\mathrm{d}t} \tag{9.6}$$

となる．

キルヒホッフの第2法則のおさらい

- **経路の選択**: 回路があるとき，閉じた経路を1つ選ぶ (C_1 としよう)．その経路が通過しない部分が回路の中にある場合，別の閉じた経路を選ぶ (C_2 とする)．そのとき，既に選んだ経路と重なる部分があってもよい．選択した経路 ($C_1, C_2, \cdots$) が通過しない部分がなくなるまで，この経路の選択を繰り返す．
- **経路の向きの設定**: 各経路をどちら向きに回るかを決める．電流の向きを予想して，できるだけその向きになるようにしておくと後で楽である．実際の電流の向きが予想と逆であれば，負の電流が求まるだけで，問題はない．
- **電流の設定**: 回路の分岐点で区切られる全ての部分に電流 $I_1, I_2, \cdots$ を割り当てる．それぞれが正の値をとる向きを決めるとき，できるだけ経路の向きになるようにしておく．
- **1つの経路を2周する**: 1周目は，電気抵抗やコンデンサなどの回路素子の電位差 $V_1, V_2, \cdots$ を調べながら回る．各素子で電流の向きにどれだけ電位が下がっていくかを足す．

$$V = V_1 + V_2 + \cdots = \sum_i V_i \tag{9.7}$$

2周目は，電池や電源などの**起電力** $V_{e1}, V_{e2}, \cdots$ を調べながら回る．このとき経路の向きに電流を流す起電力を正，逆向きに流す起電力は負として扱う．

$$V_e = V_{e1} + V_{e2} + \cdots = \sum_i V_{ei} \tag{9.8}$$

1周目の電位差の合計 V は，2周目で調べた起電力の合計 V_e によって生じているので，

$$\sum_i V_i = \sum_i V_{ei} \tag{9.9}$$

という回路の方程式が成り立つ．これが**キルヒホッフの第2法則**である．
- **回路の方程式**: 同様にして，経路 ($C_1, C_2, \cdots$) の数だけ回路の方程式が得られる．

キルヒホッフの第2法則：別の用法

- 経路の選択，経路の向きの設定，電流の設定までは同じ．
- 1つの経路を1周する：スタート点の電位を ϕ_0 とする．途中にある回路素子でも起電力でも，それぞれの電位差 $\Delta\phi_i$ が経路の向きへの電圧降下なら負 ($\Delta\phi_i < 0$)，経路の向きへの電圧上昇なら正 ($\Delta\phi_i > 0$) として，ϕ_0 に積算していく．これは，それぞれの地点での電位を追っていることになる．そして，スタート地点に戻って来たときには，積算値は元の電位 ϕ_0 に等しくなるはずである．つまり，

$$\phi_0 + \Delta\phi_1 + \Delta\phi_2 + \cdots + \Delta\phi_N = \phi_0 \tag{9.10}$$

ϕ_0 は消え，スタート点の電位 ϕ_0 に依らず，

$$\Delta\phi_1 + \Delta\phi_2 + \cdots + \Delta\phi_N = 0 \tag{9.11}$$

となる．つまり，電位差を1周分積算すると0になる．この回路の方程式は，実は式 (9.9) と等価である．

RC回路のおさらい

- 抵抗値 R [Ω] の電気抵抗と，電気容量 C [F] のコンデンサを含んだ回路では，$RC = \tau$ が時間の次元となり，コンデンサの充放電にかかる時間に関わる**時定数**となる．

$$RC \, [\Omega \cdot \text{F}] = \tau \, [\text{s}] \tag{9.12}$$

1. 電気抵抗

抵抗値 R_1, R_2 の電気抵抗が並列接続され，起電力 E の電池に接続されている．電池から流れ出す電流を I，電気抵抗 R_1, R_2 に流れる電流をそれぞれ I_1, I_2 とする．

(a) 電流 I, I_1, I_2 について成り立つ式を書きなさい．
(b) この回路について成り立つ方程式を 2 つ書きなさい．
(c) 電流 I_1, I_2 を消去して，I を求めなさい．
(d) (c) より，R_1, R_2 の合成抵抗を書きなさい．

2. RC 回路

抵抗値 R の電気抵抗と電気容量 C のコンデンサが直列に接続されている．これに起電力 E の電池を $t=0$ に接続した．電池を接続するまで，コンデンサに電荷は蓄えられていなかった．時刻 t に電気抵抗を流れる電流を $I(t)$，コンデンサに蓄えられている電荷を $Q(t)$ とする．

(a) 電気抵抗の両端の電位差 V_1 はどう表せるか？
(b) コンデンサの両端の電位差 V_2 はどう表せるか？
(c) $I(t)$ と $Q(t)$ の関係はどうなるか？
(d) 回路の方程式を立てなさい．
(e) 回路の方程式を解いて，$Q(t)$ を求めなさい．

第 9 章 [解答例]

1. 問題の内容を図示すると次のようになる. 起電力に E を使っているが,これは電場ではない.この起電力の単位は MKSA 単位系では [V](ボルト) だ.混同しないように.

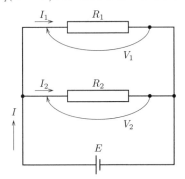

(a) 電流 I は分岐点で I_1 と I_2 に分かれる.従って,キルヒホッフの第 1 法則をおさらいの式 (9.2) の形で考えると,

$$I = I_1 + I_2$$

となる.

(b) 考えられる経路は 3 通りある.まず,電池の正極からスタートして,電気抵抗 R_1 を通り,電池の負極,さらにスタート地点の正極まで戻ってくる経路.これを経路 C_1 としよう.この向きは電流 I, I_1 の向きになっている.

次に,同じく電池の正極からスタートして電気抵抗 R_2 を通って電池の負極,さらにスタート地点の正極まで戻ってくる経路.これを経路 C_2 としよう.これも電流 I, I_2 の向きになっている.

最後に,電気抵抗 R_1 からスタートして I_1 の向きに電気抵抗 R_1 を通り,電気抵抗 R_2 を I_2 と逆行して戻ってくる経路.これを経路 C_3 としよう.

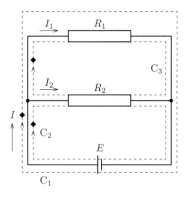

これら全部の経路を使うと 3 つの方程式が立ってしまう.しかし,例えば C_1 と C_2 の経路をなぞると,回路の全ての部分を 1 度は通ることになる.これで充分だ.C_1 と C_3 を組み合わせても,C_2 と C_3 を組み合わせてもよい.ここでは,C_1 と C_2 の経路から,キルヒホッフの第 2 法則に従って,回路の方程式を立てみる.

まず,経路 C_1 について考える.おさらいの式 (9.7) のように,1 周目は回路素子の電位差を調べながら回る.スタート地点から回っていくと回路素子である電気抵抗 R_1 を通る.ここで電流 I_1 は電位の高い方から低い方に流れるので,R_1 を通り過ぎると,電位が下がっているはずである (電圧降下).従って,電流 I_1 の下流から見て電気抵抗 R_1 を挟んだ上流の電位 V_1 は,

$$V_1 = R_1 I_1$$

である.これはオームの法則である (おさらいの式 (9.3)).さらに C_1 を回っていくと電池に出合うが,これは起電力なので 1 周目は目もくれず突き進む.すると,スタート地点に戻ってきてしまう.回路素子は電気抵抗 R_1 の 1 個だけであった.電位差 V の合計は,

$$V = V_1 = R_1 I_1$$

続いて 2 周目に入る.今度は回路素子には脇

目も振らず，おさらいの式 (9.8) のように，起電力を探して回っていくと，やっと最後に電池がある．この電池の起電力 E は経路の向きに電流を流す向きについているので，E は正の起電力である．従って，起電力の合計 V_e は，

$$V_\mathrm{e} = E$$

となって，スタート地点に戻ってくる．これで完走だ．ゴールしたら，忘れないうちに 1 周目と 2 周目の情報を統合しておこう．おさらいの式 (9.9) のように，1 周目の電位差 V は 2 周目で調べた起電力 V_e に等しいから，

$$\underline{R_1 I_1 = E}$$

さて，第 1 レース (経路 C_1) は完了したので，次の第 2 レース (経路 C_2) に臨もう．また，同じように 2 周すればよいのだが，2 周は面倒だ…1 周で何とかならないか？ 実は 1 周で済ませる方法もある．但し，混乱するようであれば着実に 2 周しよう．

1 周で済ませる下準備として，スタート地点の電位を ϕ_0 とする．さて，C_2 に沿って回っていく．導線 (つまり導体) が続く限り定常状態では同電位なので，依然として電位は ϕ_0 のままだ．そして，電気抵抗 R_2 がまず現れる．これを通過すると電位が ϕ_0 から下がる．電流 I_2 が抵抗 R_2 を流れたときの電位差 (電圧降下) V_2 は，おさらいの式 (9.3) に示したオームの法則より，

$$V_2 = R_2 I_2$$

である．従って，抵抗通過後の電位は，

$$\phi_0 - R_2 I_2$$

となっている．

さて，さらに進んでいこう．またしばらくは等電位の導線が続くので，電位の変化はない．と思っていたら，電池の負極にたどり着いた．電池の正極は負極から見て電位が高い．電流を流す源だ．だから起電力と呼ばれる．この電池で電位が E 上昇するので，正極では電位が，

$$\phi_0 - R_2 I_2 + E$$

となっている．そして，スタート地点に戻る．ここの電位は ϕ_0 のはずだ．よって，

$$\phi_0 - R_2 I_2 + E = \phi_0$$
$$\underline{-R_2 I_2 + E = 0}$$

となる．この式はおさらいの式 (9.11) に対応している．スタート地点の電位にかかわらず，1 周する間に，経路の向きに電圧降下すれば負の電位差，電圧が上がれば正の電位差として積算しながら元に戻ってくると，電位差の積算量は 0 になることを意味している．キルヒホッフの第 2 法則について，このように 1 周で電位の上昇下降を積算する方法と，経路 C_1 で採用したように回路素子の電位差と起電力に分けて 2 周する方法を示したが，実は等価である．

(c) (b) の結果より，

$$\begin{cases} I_1 = \dfrac{E}{R_1} \\ I_2 = \dfrac{E}{R_2} \end{cases}$$

これを (a) の結果に代入すると，

$$I = \frac{E}{R_1} + \frac{E}{R_2}$$
$$= \underline{\left(\frac{1}{R_1} + \frac{1}{R_2}\right) E}$$

(d) R_1, R_2 の合成抵抗を R とすると，これに電池の電圧 E がかかって，電流 I が流れているととらえれば，オームの法則より，

$$I = \frac{E}{R} = \frac{1}{R} E$$

である．これと (c) の結果を見比べると，
$$\frac{1}{R} = \left(\frac{1}{R_1} + \frac{1}{R_2}\right)$$
$$= \frac{R_1 + R_2}{R_1 R_2}$$
であることがわかる．この逆数をとると，
$$R = \frac{R_1 R_2}{R_1 + R_2}$$
である．確かに並列接続の抵抗の合成抵抗になっている．

2．問題の内容を図示すると次のようになる．起電力に E を使っているが，これは電場ではない．この起電力の単位は MKSA 単位系では [V]（ボルト）だ．混同しないように．

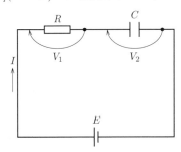

この問では，経路は 1 つしかない．従って，電流もその経路を流れる I だけを考えればよい．経路および電流の向きは，図のように電池の起電力の向きとする．

(a) おさらいの式 (9.3) に示したオームの法則から，
$$V_1 = R I(t)$$
である．このように V_1 も時間に依存する．

(b) おさらいの式 (9.4) を使うと，
$$V_2 = \frac{Q(t)}{C}$$
である．このように V_2 も時間に依存する．

(c) 微小時間 dt の間に電流 $I(t)$ がコンデンサに流れ込むと，その極板の電荷が dQ だけ増加していく．電流が単位時間あたりにある面（例えば導線の断面）を通過する電荷の量（電気量）であることと，$I(t)$ と dQ の符合が合致していることを考えると，$I(t)$ と $Q(t)$ の関係はおさらいの式 (9.6) の方ではなく，おさらいの式 (9.5) の方である．
$$I(t) = \frac{d Q(t)}{dt}$$

(d) キルヒホッフの第 2 法則を使う．おさらいの式 (9.7) のように，1 周目は回路素子の電位差を調べよう．電池の正極辺りからスタートする（どこからスタートしても構わない）．まず，電気抵抗 R では経路の向きに V_1 だけ電圧降下する．続くコンデンサでは経路の向きに V_2 だけ電位が下がる．そして，起電力である電池は考えずにスタート地点まで戻ってくる．結局，回路素子による電圧降下の合計は，
$$V_1 + V_2 = R I(t) + \frac{Q(t)}{C}$$
となる．(a),(b) の結果を用いた．

2 周目は，おさらいの式 (9.8) のように，起電力だけを見ながら回る．すると経路の向きに電流を流そうとする電池がある．従って，起電力の合計 V_{e} は，
$$V_{\mathrm{e}} = E$$
となる．

1 周目の回路素子の電位差（電圧降下）は，2 周目の起電力によって電流が流れて発生していて，両者はおさらいの式 (9.9) のように等しいので，
$$V_1 + V_2 = V_{\mathrm{e}}$$
となる．よって，
$$R I(t) + \frac{Q(t)}{C} = E$$
これが回路の方程式である．

(e) (d) の結果を見ると，変数が $I(t), Q(t)$ の 2 つなのに式が 1 つしかない．．．心配しなくても (c) の結果，つまり $I(t)$ と $Q(t)$ の関係

式がもう1つあるではないか．早速これを (d) で求めた回路の方程式に代入して，$I(t)$ を消去すると，

$$R\frac{dQ(t)}{dt} + \frac{Q(t)}{C} = E$$

となって，$Q(t)$ についての微分方程式が得られる．どうやって解けばよいだろう？少し式変形してみる．

$$R\frac{dQ(t)}{dt} = -\frac{1}{C}(Q(t) - CE)$$
$$\frac{dQ(t)}{dt} = -\frac{1}{RC}(Q(t) - CE)$$

ここで，左辺は単独の $Q(t)$ を時間微分したものになっている．右辺のかっこ内が，$Q(t)$ と定数の2項でなければ，実は見通しがよくなる．かっこの中を $X(t) = Q(t) - CE$ と置いて，強引に単独の変数にしてみる．

$$\frac{dQ(t)}{dt} = -\frac{1}{RC}X(t)$$

この置き換えのよいところは，$X(t)$ を時間微分すると $\dot{X}(t) = \dot{Q}(t)$ となるところである．つまり，左辺も置き換えできて，

$$\frac{dX(t)}{dt} = -\frac{1}{RC}X(t)$$

となる．この微分方程式を満たす $X(t)$ は，時間微分をしても元の $X(t)$ になる関数である．これはどのような関数か？… それは指数関数です．

$$X(t) = Ae^{-\frac{1}{RC}t}$$

A は定数．これが微分方程式を満たすことを確認してみよう．ここで $X(t)$ を元に戻すと，

$$Q(t) - CE = Ae^{-\frac{1}{RC}t}$$
$$Q(t) = Ae^{-\frac{1}{RC}t} + CE$$

さてここで，A が決まっていない．そこで初期条件を使って消去しておこう．$t=0$ のときコンデンサの電荷は0．これを式で表すと $Q(0) = 0$ なので，

$$Q(0) = Ae^{-\frac{1}{RC}0} + CE$$
$$= A + CE = 0$$
$$A = -CE$$

よって，

$$Q(t) = -CEe^{-\frac{1}{RC}t} + CE$$
$$= CE\left(1 - e^{-\frac{1}{RC}t}\right)$$

ここで，CE は電気容量と電圧の積なので，充分時間が経ったときにコンデンサに蓄えられる電気量になっている．それを Q_1 とすると，

$$Q(t) = Q_1\left(1 - e^{-\frac{1}{RC}t}\right)$$

となり，$Q(t)$ は徐々に満充電となる．

第9章 おしまい… お疲れ様でした．

第 10 章

磁場 (ビオ・サバールの法則)

この章中の記号や条件等の説明

- $\vec{A}, \vec{a}, \vec{x}, \boldsymbol{A}, \boldsymbol{a}, \boldsymbol{x}$ ベクトル．但し，本書では矢印表記を用いる．
- μ_0 真空の透磁率．
- I 電流．
- $\mathrm{d}\vec{s}$ 線素ベクトル (微小線分のベクトル)．
- $\mathrm{d}\vec{B}(\vec{x}) = (\mathrm{d}B_x(\vec{x}), \mathrm{d}B_y(\vec{x}), \mathrm{d}B_z(\vec{x}))$ $\mathrm{d}\vec{s}$ の電流が場所 $\vec{x}$ に作る微小な磁束密度ベクトル．
- $\vec{r}$ $\mathrm{d}\vec{s}$ の始点から $\mathrm{d}\vec{B}$ の始点を示すベクトル．
- $\vec{B}(\vec{x}) = (B_x(\vec{x}), B_y(\vec{x}), B_z(\vec{x}))$ 場所 $\vec{x}$ での磁束密度ベクトル．

外積のおさらい

- 外積は，2つのベクトル (例えば $\vec{A}$ と $\vec{B}$) から新たなベクトル (例えば $\vec{C}$) を得る演算である．

$$\vec{A} \times \vec{B} = \vec{C} \tag{10.1}$$

外積を表す演算記号 $\times$ は**絶対に省略してはいけない**．外積はベクトル積とも呼ばれる．
- $\vec{C}$ の向きは，$\vec{A}$ と $\vec{B}$ に垂直で，$\vec{A}$ から $\vec{B}$ に右ネジを回してネジが進む向きとなる．
- $\vec{C}$ の大きさは，$\vec{A}$ と $\vec{B}$ のなす角を θ とすると

$$\left|\vec{C}\right| = \left|\vec{A} \times \vec{B}\right| = \left|\vec{A}\right|\left|\vec{B}\right|\sin\theta \tag{10.2}$$

となる．これは $\vec{A}$ と $\vec{B}$ を 2 辺に持つ平行四辺形の面積である．

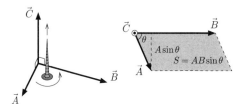

電流と磁場 (磁束密度) のおさらい

- 電流 I によって磁場 (磁界) $\vec{H}$ ができる.
- 磁束密度 $\vec{B}$ と磁場 (磁界) $\vec{H}$ の関係 (真空中)

$$\vec{B} = \mu_0 \vec{H} \tag{10.3}$$

- 磁束密度の単位は，MKSA 単位系では [T] (テスラ) または [Wb/m^2] である ([Wb] ウェーバーは磁束の単位). cgs 電磁単位系の [G] (ガウス) を使うと 1 T = 10000 G である.

ビオ・サバールの法則のおさらい

- ビオ・サバールの法則 (電流と磁束密度)

  電流 I に沿った線素 (微小線分) ベクトル $\mathrm{d}\vec{s}$ 部分を流れる電流は，$\mathrm{d}\vec{s}$ から $\vec{r}$ だけ離れた点に微小な磁束密度 $\mathrm{d}\vec{B}$ を生じさせる.

$$\mathrm{d}\vec{B} = \frac{\mu_0}{4\pi} \frac{I\,\mathrm{d}\vec{s} \times \vec{r}}{r^3} \tag{10.4}$$

$$= \frac{\mu_0}{4\pi} \frac{I\,\mathrm{d}\vec{s}}{r^2} \times \frac{\vec{r}}{r} \tag{10.5}$$

- 電流 I に沿って $\mathrm{d}\vec{s}$ を移動させて $\mathrm{d}\vec{B}$ を足し上げると，磁束密度 $\vec{B}$ が得られる.

$$\vec{B} = \int \mathrm{d}\vec{B} = \frac{\mu_0}{4\pi} \int \frac{I\,\mathrm{d}\vec{s} \times \vec{r}}{r^3} \tag{10.6}$$

- $\mathrm{d}\vec{B}$ の大きさ $\mathrm{d}B = \left|\mathrm{d}\vec{B}\right|$ は式 (10.4) より

$$\mathrm{d}B = \frac{\mu_0}{4\pi} \frac{I\,\mathrm{d}s}{r^2} \sin\theta \tag{10.7}$$

($|\mathrm{d}\vec{s} \times \vec{r}| = \mathrm{d}s\, r \sin\theta$ を使った)

但し，θ は $\mathrm{d}\vec{s}$ と $\vec{r}$ のなす角.

- ある点の $\vec{B}$ を求める場合，式 (10.6) を使うよりも，式 (10.4) の $\mathrm{d}\vec{s} \times \vec{r}$ で $\mathrm{d}\vec{B}$ の向きをつかみ，式 (10.7) の $\mathrm{d}B$ より $\mathrm{d}B_x, \mathrm{d}B_y, \mathrm{d}B_z$ を求めて，

$$B_x = \int \mathrm{d}B_x \tag{10.8}$$

$$B_y = \int \mathrm{d}B_y \tag{10.9}$$

$$B_z = \int \mathrm{d}B_z \tag{10.10}$$

のように成分ごとの積分を行うことが多い.

第10章 磁場 (ビオ・サバールの法則)

1. 円電流

xy 平面上の半径 a の円周上に電流 I が流れている．円周の中心は原点にあり，そこから距離 z にある z 軸上の点 P にできる磁束密度を次の手順で求める．

(a) 円周上の微小線素 ds が P につくる磁束密度 d$\vec{B}$ の向きを図示しなさい．

(b) d$\vec{B}$ の大きさ dB をビオ・サバールの法則を用いて表しなさい．

(c) d$\vec{B}$ の z 成分 dB_z を求めなさい．

(d) dB_z を積分して，$B_z = \dfrac{\mu_0 I a^2}{2(z^2+a^2)^{\frac{3}{2}}}$ となることを示しなさい．

(e) B_x, B_y はどうなるか？

(f) $I = 1.0$ A, $a = 2$ cm のとき，原点の B を計算して求めなさい．$\mu_0 = 4\pi \times 10^{-7}$ N・A^{-2}, $\pi = 3.14$ とする．

2. 直線電流

x 軸上の2点 AB 間に導線がある．座標原点が点 A と点 B の間にあり，原点から距離 R の y 軸上に点 P がある．導線内を電流 I が点 A から点 B に向かって流れている．点 P の磁束密度 B を求める．

(a) AB 間のある点を X，$\theta = \angle$PXB とするとき，$\overline{\text{XP}}$ を θ, R を用いて表しなさい．

(b) 点 X の x 座標を x，そこにある微小線分を dx とするとき，dx 部分の電流が点 P につくる磁束密度の大きさ dB と向きを，ビオ・サバールの法則を用いて示しなさい．向きは図示しなさい．

(c) x を θ, R を用いて表しなさい．これより dx と dθ の関係式も求めなさい．

(d) 点 A から点 B まで dB を積分して (θ による積分になる)，B を求めなさい．但し，$\theta_0 = \angle$PAB，$\theta_1 = (\angle$PBA の補角$)$
$= \pi - \angle$PBA とする．

(e) 導線が無限に長い場合，B はどうなるか (ヒント：導線が無限に長いと，$\theta_0 \to 0$, $\theta_1 \to \pi$ となる)．

3. ソレノイドコイル

半径 a の無限に長いソレノイドコイルに電流 I が流れている．単位長さあたりの巻き数は N で，中心軸は z 軸と一致している．このとき中心軸での磁束密度を次の手順で求める．

(a) 原点からの距離が z と $z + dz$ の間にあるコイルの巻き数を示しなさい．

(b) 原点からの距離が z と $z + dz$ の間にあるコイルが，原点に作る磁束密度 dB を求めなさい (問 1.(d) の結果を利用する)．

(c) z 軸に沿って dB を積分して原点の磁束密度 B を求めなさい．
(ヒント：$z = a \tan\theta$ と変数変換する)

4. 直線と弧を流れる電流

xy 平面上に電流 I が流れている．
(1) 電流は x 軸上を $x = b (> 0)$ から原点に向かって $x = a (> 0)$ まで流れ，
(2) そこから，原点を中心とする半径 a の円上を反時計回りに $\dfrac{3}{4}$ 回転して y 軸上の $y = -a$ まで流れ，
(3) そこから，y 軸上を $y = -b$ まで流れている．
電流が原点に作る磁束密度 $\vec{B}$ を求める．

(a) (1) の部分の電流が原点に作る磁束密度 $\vec{B}_1$ を求めなさい．

(b) (3) の部分の電流が原点に作る磁束密度 $\vec{B}_3$ を求めなさい．

(c) (2) の部分の電流が原点に作る磁束密度 $\vec{B}_2$ を求めなさい．

(d) 原点の磁束密度 $\vec{B}$ を求めなさい．

第10章 [解答例]

1. 問題の内容を図示すると次のようになる. 問題では電流の向きを指示していなかったので, 図のように反時計回りとする (時計回りの場合, 以下の磁束密度の符号が反転する).

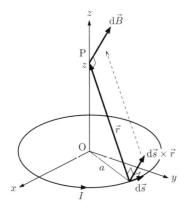

(a) $d\vec{B}$ の向きを知るためには, おさらいの式 (10.4) の $d\vec{s} \times \vec{r}$ の向きがわかればよい. さて, $d\vec{s}$ は微小線素 ds の向き (つまり電流の向き) も表すベクトルだが, $\vec{r}$ は何か? これを理解していないと始まらない. $\vec{r}$ は図に示したように, $d\vec{s}$(電流が流れている部分) を始点, 点 P(磁場を求めたい地点) を終点とするベクトルである.

$d\vec{s} \times \vec{r}$ の向きは, 2つのベクトル $(d\vec{s}, \vec{r})$ に垂直で, 前に書いたベクトル $(d\vec{s})$ から後に書いたベクトル $(\vec{r})$ に右ネジを回してネジの進む方向である. $d\vec{s}, \vec{r}$ を平面上に描くと次図のようになる.

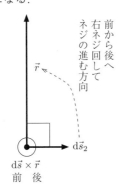

これが $d\vec{B}$ の向きである. 但し, $d\vec{B}$ は点 P にできる磁束密度なので, $d\vec{s} \times \vec{r}$ と平行だが始点は点 P である. 以上より, $d\vec{B}$ の向きを図示するとはじめの図のようになる.

(b) おさらいの式 (10.7) から始めてもよいが, ここでは式 (10.4) から始めてみよう.

$$d\vec{B} = \frac{\mu_0}{4\pi} \frac{I\, d\vec{s} \times \vec{r}}{r^3}$$

両辺の絶対値をとると

$$\left| d\vec{B} \right| = dB = \frac{\mu_0}{4\pi} \frac{I\, |d\vec{s} \times \vec{r}|}{r^3}$$
$$= \frac{\mu_0}{4\pi} \frac{I\, ds\, r\, \sin\theta}{r^3}$$
$$= \frac{\mu_0}{4\pi} \frac{I\, ds\, \sin\theta}{r^2}$$

おさらいの式 (10.7) が得られた. 但し, θ は $d\vec{s}$ と $\vec{r}$ のなす角. このように式 (10.4) だけを覚えておけば, 式 (10.7) はすぐに導ける. 式 (10.7) を覚えていれば, その (わずかな) 式変形の手間が省ける (「だけにすぎない」と私は言いたい.)

本題に戻ると, ここでは $d\vec{s}$ と $\vec{r}$ は常に直交しているので ($d\vec{s}$ は限りなく微小と考えて, その向きは円の接線方向と思ってよい), $\theta = \dfrac{\pi}{2}$ である. よって

$$dB = \frac{\mu_0}{4\pi} \frac{I\, ds\, \sin\theta}{r^2}$$
$$= \frac{\mu_0}{4\pi} \frac{I\, ds\, \sin\frac{\pi}{2}}{r^2}$$
$$= \frac{\mu_0}{4\pi} \frac{I\, ds}{r^2}$$

答になるにはもう少し. r は勝手に使っているので, 消去しなければならない. 図を見ると r は直角三角形の斜辺だから,

$$r^2 = z^2 + a^2$$

これを前の式に代入すると

$$dB = \frac{\mu_0}{4\pi} \frac{I\, ds}{z^2 + a^2}$$

(c) まず図を描こう．

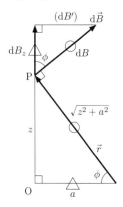

この図を見ながら，2つの三角形が相似であることから，$d\vec{B}$ の z 成分を求めると，

$$dB_z = dB\frac{\triangle}{\bigcirc} \ (= dB\cos\phi)$$
$$= dB\frac{a}{\sqrt{z^2+a^2}}$$

((b) の dB を代入して)

$$= \frac{\mu_0}{4\pi}\frac{Ia}{(z^2+a^2)^{\frac{3}{2}}}ds$$

(d) 積分経路は？電流に沿ってである．前問で，微小線素 ds を流れる電流 I が点 P につくる dB_z を求めたので，次は電流が流れる円に沿って ds を1周積分すれば (dB_z を1周分足し上げれば)，円周上の電流によって点 P にできる B_z (磁束密度の z 成分) が求まる．

$$B_z = \oint_{円周} dB_z$$
$$= \oint_{円周} \frac{\mu_0}{4\pi}\frac{Ia}{(z^2+a^2)^{\frac{3}{2}}}ds$$

$\oint_{円周}$ は「円周に沿って1周積分する (足し上げる)」という記号である．ところで被積分関数 (積分される関数) の中の変数はどれ？つまり，ds が円上を1周移動する間に変化するものは？z がそうか？今の場合 z は点 P の位置を表しており，点 P は定点なので z も定数とみなせる．実は ds 以外はみんな定数なので積分の外に出せます．

$$B_z = \frac{\mu_0}{4\pi}\frac{Ia}{(z^2+a^2)^{\frac{3}{2}}}\oint_{円周} ds$$

ds は微小線素の長さを表している．ということは，ds を1周分足し上げる $\oint_{円周} ds$ は，円周の長さ $2\pi a$ になる．よって，

$$B_z = \frac{\mu_0}{4\pi}\frac{Ia}{(z^2+a^2)^{\frac{3}{2}}}2\pi a$$
$$= \frac{\mu_0 Ia^2}{2(z^2+a^2)^{\frac{3}{2}}}$$

(e) $d\vec{B}$ の xy 平面に平行な成分 $d\vec{B'}$ がどうなるかを考える．まず $d\vec{B'}$ の大きさについては，(b) の結果より dB が一様なので，$dB'(=|d\vec{B'}|)$ も一様となる．次に $d\vec{B'}$ の向きは次の図のように ds の方に向く．

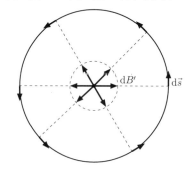

そして，ds が円周上を1周した場合，$d\vec{B'}$ のベクトル和はゼロになる．よって，

$$\underline{B_x = B_y = 0}$$

(f) まず原点の B_z は (d) の結果に $z=0$ を代入して (先ほどは z を定数とみなしたが，今度は点 P が z 軸上のどこにあるかは不定と思って z を変数とみなす)，

$$B_z = \frac{\mu_0 I}{2a}$$

そして，(e) より $B_x = B_y = 0$ なので，上式の B_z が $\vec{B}$ の大きさ B である．
問題に与えられた値のうち，a だけが MKSA 単位系ではないので，$a = 2$ cm $= 2\times 10^{-2}$

m と単位を変換して代入する.
$$B = \frac{\mu_0 I}{2a}$$
$$= \frac{4\pi \times 10^{-7}\text{ N}\cdot\text{A}^{-2} \times 1.0\text{ A}}{2 \times 2 \times 10^{-2}\text{ m}}$$
$$= 3.14 \times 10^{-5}\text{ N}/(\text{A}\cdot\text{m})$$

さて,磁束密度 B の単位は上記でもよいが, MKSA 単位系の場合 [T] か [Wb/m^2] を使う. T は磁束密度の単位で「テスラ」, Wb は磁束の単位で「ウェーバー」と読む.

$$B = 3.14 \times 10^{-5}\text{ T}$$

余談だが,磁気を使った健康グッズなどで [G] 「ガウス」という単位を聞いたことがあると思うが 10000 G = 1 T である. つまり [G] も磁束密度の単位.

2. 問題の内容を図示すると次のようになる.

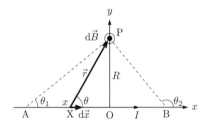

(a) 図より
$$\overline{\text{XP}}\sin\theta = R$$
$$\overline{\text{XP}} = \frac{R}{\sin\theta}$$

(b) おさらいの式 (10.4) より微小線分 (線素) dx 部分の電流 I が点 P につくる磁束密度 $d\vec{B}$ は, X を始点, P を終点とするベクトル $\vec{r}$ を用いて,
$$d\vec{B} = \frac{\mu_0}{4\pi}\frac{I\,d\vec{x}\times\vec{r}}{r^3}$$

と書ける. $d\vec{x}$ は dx の向きまで含めた線素ベクトルである. この向きは電流の向きを表す (もし座標のとり方によって電流と逆向きになってしまったら, 上式の $d\vec{x}$ は $-d\vec{x}$ で置き換えなければならない). $d\vec{B}$ の向きは $d\vec{x}\times\vec{r}$ の向きである. $d\vec{x}$ から $\vec{r}$ に右ネジを回して, ネジが進む方向である. 答は図のようになる (⊙ 紙面に垂直で表向き).

次に $d\vec{B}$ の大きさ dB は, 上式を変形するか, おさらいの式 (10.7) より,
$$dB = \frac{\mu_0}{4\pi}\frac{I\,dx}{r^2}\sin\theta$$
$$= \frac{\mu_0}{4\pi}\frac{I\,dx}{\overline{\text{XP}}^2}\sin\theta \quad (r = \overline{\text{XP}}\text{ を代入した})$$
$$= \frac{\mu_0}{4\pi}\frac{I\,dx}{R^2}\sin^3\theta \quad ((a)\text{ を代入した})$$

(c) 図より,
$$-x\tan\theta = R$$
$$x = -\frac{R}{\tan\theta}$$

この図は, 点 X が x 軸の負の領域にある, つまり x が負 (そのために $\overline{\text{OX}}$ の「長さ」は $-x$ となる) の場合であるが, 点 X が正の領域にあって, x が正の場合も成り立つ ($x > 0$ のとき, $\theta > \frac{\pi}{2}$ なので, $\tan\theta < 0$).

この式の両辺を θ で微分すると,
$$\frac{dx}{d\theta} = -R\frac{d}{d\theta}\left(\frac{1}{\tan\theta}\right)$$
$$= -R\frac{d}{d\theta}\left(\frac{\cos\theta}{\sin\theta}\right)$$
$$= -R\frac{-\sin\theta\sin\theta - \cos\theta\cos\theta}{\sin^2\theta}$$
$$\left(\left(\frac{f}{g}\right)' = \frac{f'g - fg'}{g^2}\text{ を使った}\right)$$
$$= \frac{R}{\sin^2\theta}$$

これより,
$$dx = \frac{R}{\sin^2\theta}d\theta$$

(d) 点 A,B での x をそれぞれ x_A, x_B とすると

$$B = \int_{A \to B} dB$$
$$= \int_{x_A}^{x_B} \frac{\mu_0}{4\pi} \frac{I\,dx}{R^2} \sin^3\theta$$
((b) の結果を代入した)
$$= \frac{\mu_0 I}{4\pi R^2} \int_{x_A}^{x_B} \sin^3\theta\,dx$$
(定数を積分の外に出した)

さて，ここで積分変数を x から θ に変換しよう．変数変換の関係式は (c) で求まっているので，積分範囲について問題文の意味を図も見ながらまとめると

x	x_A	$\longrightarrow$	x_B
θ	θ_1	$\longrightarrow$	θ_2

となる．これより
$$B = \frac{\mu_0 I}{4\pi R^2} \int_{x_A}^{x_B} \sin^3\theta\,dx$$
$$= \frac{\mu_0 I}{4\pi R^2} \int_{\theta_1}^{\theta_2} \sin^3\theta \, \frac{R}{\sin^2\theta}\,d\theta$$
((c) を代入した)
$$= \frac{\mu_0 I}{4\pi R} \int_{\theta_1}^{\theta_2} \sin\theta\,d\theta$$
$$= \frac{\mu_0 I}{4\pi R} \Big[-\cos\theta\Big]_{\theta_1}^{\theta_2}$$
$$= \underline{\frac{\mu_0 I}{4\pi R}(\cos\theta_1 - \cos\theta_2)}$$

(e) (d) の結果を用いて，
$$\lim_{\theta_1 \to 0} \lim_{\theta_2 \to \pi} B = \frac{\mu_0 I}{4\pi R}(\cos 0 - \cos\pi)$$
$$= \underline{\frac{\mu_0 I}{2\pi R}}$$

3. ソレノイドコイルは円筒状に導線を隙間なく巻いたコイルで，断面は次の図のようになっている．

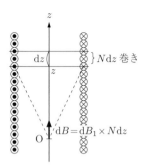

(a) コイルは単位長さあたりに N 回巻かれているから，距離 dz の間にあるコイルの巻き数は，

$$\underline{N\,dz} \quad ([巻き]，または [turns])$$

(b) まずはコイル 1 巻き分について考える．コイル 1 巻きなら，問 1. の円形の電流の場合と同じである．この 1 巻きのコイルは原点から距離 z のところにある．ということは，コイルに流れる電流 I が (コイルの中心軸上にある) 原点につくる磁束密度 dB_1 (この磁束密度は微小量と考えて，微小量を表す d をつけておく) は，

$$dB_1 = \frac{\mu_0 I a^2}{2(z^2 + a^2)^{\frac{3}{2}}}$$

おやっ!? と思った人はいませんか？「ここでの 1 巻きコイルは，問 1. と違うところがあるのに…」確かに，問 1. ではコイルの高さ (z 軸方向の位置) は原点なのに，ここではコイルが高さ z にある．従って，磁束密度を考える点のコイルから見た相対的な位置を表す変数は $-z$ とすべきでは？ はい，確かにその通りです．ところが，上式では z が自乗されているので $-z$ を代入しても式の形が変わらないのです．そして，磁束密度の向きも同じになります (図を参照).

z と $z+dz$ の間には $N\,dz$ 巻きのコイルがあるので，それらのコイルが原点につくる磁束

密度 dB は dB_1 の $N\,dz$ 倍となる.
$$dB = dB_1 \times N\,dz$$
$$= \frac{\mu_0\,I\,a^2\,N}{2\,(z^2+a^2)^{\frac{3}{2}}}\,dz$$

(c) 全てのコイルが原点につくる磁束密度 B は, z を $-\infty$ から ∞ まで移動しながら dB を足し上げる (積分する) と求まる.
$$B = \int dB \qquad (z = -\infty \to \infty)$$
$$= \int_{-\infty}^{\infty} \frac{\mu_0\,I\,a^2\,N}{2\,(z^2+a^2)^{\frac{3}{2}}}\,dz$$
$$= \frac{\mu_0\,I\,a^2\,N}{2} \int_{-\infty}^{\infty} \frac{1}{(z^2+a^2)^{\frac{3}{2}}}\,dz$$

ここでヒントに従って $z = a\tan\theta$ と変数変換する. まず, 積分変数 z と θ の関係を得るために $z = a\tan\theta$ の両辺を θ で微分すると,
$$\frac{dz}{d\theta} = \frac{d}{d\theta}(a\tan\theta) = \frac{a}{\cos^2\theta}$$
これより,
$$dz = \frac{a}{\cos^2\theta}\,d\theta$$
次に, 積分範囲の関係は,

z	$-\infty$	$\to$	∞
θ	$-\frac{\pi}{2}$	$\to$	$\frac{\pi}{2}$

そして, 被積分関数について変数変換を行うと,
$$\frac{1}{(z^2+a^2)^{\frac{3}{2}}} = \frac{1}{(a^2\tan^2\theta + a^2)^{\frac{3}{2}}}$$
$$= \frac{1}{a^3(\tan^2\theta + 1)^{\frac{3}{2}}}$$
$$= \frac{\cos^3\theta}{a^3}$$
途中で,
$$\tan^2\theta + 1 = \frac{\sin^2\theta + \cos^2\theta}{\cos^2\theta}$$
$$= \frac{1}{\cos^2\theta}$$
を使った. 以上より,
$$B = \frac{\mu_0\,I\,a^2\,N}{2} \int_{-\infty}^{\infty} \frac{1}{(z^2+a^2)^{\frac{3}{2}}}\,dz$$
$$= \frac{\mu_0\,I\,a^2\,N}{2} \int_{-\frac{\pi}{2}}^{\frac{\pi}{2}} \frac{\cos^3\theta}{a^3} \frac{a}{\cos^2\theta}\,d\theta$$
$$= \frac{\mu_0\,I\,N}{2} \int_{-\frac{\pi}{2}}^{\frac{\pi}{2}} \cos\theta\,d\theta$$
$$= \frac{\mu_0\,I\,N}{2} \Big[\sin\theta\Big]_{-\frac{\pi}{2}}^{\frac{\pi}{2}}$$
$$= \frac{\mu_0\,I\,N}{2} \left(\sin\frac{\pi}{2} - \sin\left(-\frac{\pi}{2}\right)\right)$$
$$= \underline{\mu_0\,I\,N}$$

4. 問題文の内容は次の図のようになる.

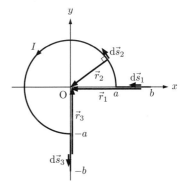

(a) (1) の直線部分は, 問 2. の直線電流の場合が使えそうであるが, おさらいの式 (10.4) から始める. (1) の直線上の線素ベクトル $d\vec{s}_1$ 部分を流れる電流 I が原点に作る微小磁束密度ベクトル $d\vec{B}_1$ は,
$$d\vec{B}_1 = \frac{\mu_0}{4\pi} \frac{I\,d\vec{s}_1 \times \vec{r}_1}{r_1^3}$$
となる. 但し, $\vec{r}_1$ は線素ベクトル $d\vec{s}_1$ から見た原点の位置を示すベクトルである. ここで, $d\vec{s}_1$ と $\vec{r}_1$ は平行なため,
$$d\vec{s}_1 \times \vec{r}_1 = \vec{0}$$
である. なぜなら, $d\vec{s}_1$ と $\vec{r}_1$ のなす角が 0 なので, 外積の大きさが
$$|\,d\vec{s}_1 \times \vec{r}_1\,| = |\,d\vec{s}_1\,|\,|\,\vec{r}_1\,|\sin 0 = 0$$
となる. 大きさが 0 のベクトルは $\vec{0}$ である.

結局，
$$d\vec{B}_1 = \vec{0}$$
よって，
$$\vec{B}_1 = \int d\vec{B}_1 = \vec{0}$$

(b) (a) と同様である．(3) の直線上の線素ベクトル $d\vec{s}_3$ 部分を流れる電流 I が原点に作る微小磁束密度ベクトル $d\vec{B}_3$ は，おさらいの式 (10.4) より，
$$d\vec{B}_3 = \frac{\mu_0}{4\pi} \frac{I\, d\vec{s}_3 \times \vec{r}_3}{r_3{}^3}$$
となる．$\vec{r}_3$ は線素ベクトル $d\vec{s}_3$ から見た原点の位置を示すベクトルである．$d\vec{s}_3$ と $\vec{r}_3$ は反平行なため (つまり逆向きなため)，それらのなす角は π である．それでも $\sin \pi = 0$ なので，やはり，
$$d\vec{s}_3 \times \vec{r}_3 = \vec{0}$$
である．しつこく，外積の大きさを示しておくと
$$|\,d\vec{s}_3 \times \vec{r}_3\,| = |\,d\vec{s}_3\,|\,|\,\vec{r}_3\,|\sin \pi = 0$$
である．結局，
$$d\vec{B}_3 = \vec{0}$$
より，
$$\vec{B}_3 = \int d\vec{B}_3 = \vec{0}$$

(c) 今度は問 1. の円電流の場合が使えそうである．z 成分についてはすんなりと使えるが，x 成分，y 成分については少し説明が必要になるので，やはりおさらいの式 (10.4) から始める (方が早いであろう)．(2) の円弧上の線素ベクトル $d\vec{s}_2$ 部分を流れる電流 I が原点に作る微小磁束密度ベクトル $d\vec{B}_2$ は，おさらいの式 (10.4) より，
$$d\vec{B}_2 = \frac{\mu_0}{4\pi} \frac{I\, d\vec{s}_2 \times \vec{r}_2}{r_2{}^3}$$
となる．但し，$\vec{r}_2$ は線素ベクトル $d\vec{s}_2$ から見た原点の位置を示すベクトルである．

$d\vec{s}_2$ が円弧の接線方向，$\vec{r}_2$ が円の半径に沿う方向なので，それらの外積である $d\vec{B}_2$ の向きは，$d\vec{s}_2$ が円弧上のどこにあっても z 軸の正の向きとなる．従って，$d\vec{B}_2$ の x 成分と y 成分は 0 になり，$dB_2 = \left|\,d\vec{B}_2\,\right|$ を求めれば，それが $d\vec{B}_2$ の z 成分となる．

$d\vec{s}_2$ と $\vec{r}_2$ の外積の大きさを求めると，すぐにおさらいの式 (10.7) が求まって，
$$dB_2 = \frac{\mu_0}{4\pi} \frac{I\, ds_2}{r_2{}^2} \sin \theta$$
ds_2, r_2 はそれぞれ $d\vec{s}_2, \vec{r}_2$ の大きさで，θ は $d\vec{s}_2$ と $\vec{r}_2$ のなす角である．ここで，$d\vec{s}_2$ が円弧の接線方向，$\vec{r}_2$ が円の半径に沿う方向であることを思い出すと，$\theta = \dfrac{\pi}{2}$ であり，また r_2 は半径となるので $r_2 = a$ である．これらを代入すると，
$$dB_2 = \frac{\mu_0}{4\pi} \frac{I\, ds_2}{a^2}$$
$d\vec{s}_2$ を円弧の上を移動させながらこの dB_2 を足し上げると，$\vec{B}_2$ の大きさ B_2 が求まる．円の $\dfrac{3}{4}$ にあたる円弧を C と名付けると
$$\begin{aligned}B_2 &= \int_C dB_2 \\&= \frac{\mu_0 I}{4\pi\, a^2} \int_C ds_2\end{aligned}$$
ここで
$$\int_C ds_2$$
は，微小な線分の長さ ds_2 を C(つまり円周の $\dfrac{3}{4}$) に沿って足し上げることになるので，円周の長さ $2\pi a$ の $\dfrac{3}{4}$ になる．従って，
$$\int_C ds_2 = 2\pi a \times \frac{3}{4} = \frac{3}{2}\pi a$$

よって，
$$B_2 = \frac{\mu_0 I}{4\pi a^2} \frac{3}{2}\pi a$$
$$= \frac{3\mu_0 I}{8a}$$

以上より，
$$\vec{B}_2 = \begin{pmatrix} 0 \\ 0 \\ \dfrac{3\mu_0 I}{8a} \end{pmatrix}$$

(d) 原点の磁束密度 $\vec{B}$ は，(1),(2),(3) の電流が作る磁束密度を足し合わせたものなので
$$\vec{B} = \vec{B}_1 + \vec{B}_2 + \vec{B}_3$$
$$= \vec{0} + \vec{B}_2 + \vec{0}$$
$$= \begin{pmatrix} 0 \\ 0 \\ \dfrac{3\mu_0 I}{8a} \end{pmatrix}$$

第 10 章 おしまい··· お疲れ様でした．

第 11 章

磁場 (アンペールの法則)

この章の記号や条件等の説明

• $\vec{A}, \vec{a}, \vec{x}, \boldsymbol{A}, \boldsymbol{a}, \boldsymbol{x}$	ベクトルは矢印や太字 (黒板では二重線) で表されるが，本書では矢印表記を用いる．
• μ_0	真空の透磁率．
• I	電流．
• $\vec{i}$	電流密度ベクトル．
• $\vec{n}$	法線ベクトル (面に垂直な単位ベクトル)．
• $\mathrm{d}\vec{\sigma}, \mathrm{d}\vec{l}$	線素 (微小線分) ベクトル．
	注) $\mathrm{d}s$ が $\mathrm{d}S$(面積素片 = 微小面積) とまぎらわしいとき，$\mathrm{d}\vec{l}$ を使ってみた．
• $\vec{B}(\vec{x}) = (B_x, B_y, B_z)$	場所 $\vec{x}$ での電場ベクトル．
$\quad = (B_x(\vec{x}), B_y(\vec{x}), B_z(\vec{x}))$	(ちょっとややこしいけど) 詳しく書いてみた．
$\quad = (B_x(x,y,z), B_y(x,y,z), B_z(x,y,z))$	さらに詳しく書いてみた．
• rot $(\equiv \vec{\nabla}\times)$	rotation (回転) という演算記号．
	例：$\mathrm{rot}\,\vec{E}\left(=\vec{\nabla}\times\vec{E}\right)$

電流密度のおさらい

- 電流密度 i

 電流に垂直な面の単位面積あたりの電流である．断面積 S の導線を電流 I が一様に流れていれば，

$$i = \frac{I}{S} \quad \text{または} \quad I = iS \tag{11.1}$$

 となる．

- 電流密度ベクトル $\vec{i}$

 電流密度の大きさ $i = \left|\vec{i}\right|$ に加えて，電流の向き (正の電荷が進む向き) も表している．

- 電流が一様でない場合 ($\vec{i}$ が位置 $\vec{x}$ の関数のとき)

 面 S を流れる電流 I は，電流密度ベクトル $\vec{i}$ と，面 S 上の微小面積 $\mathrm{d}S$ およびその法線ベクトル $\vec{n}$ を使って面積分で表す．

 まず $\mathrm{d}S$ を横切って流れる微小電流 $\mathrm{d}I$ は

$$\mathrm{d}I = \vec{i} \cdot \vec{n}\,\mathrm{d}S \, (= i\cos\theta\,\mathrm{d}S = i\,\mathrm{d}S') \tag{11.2}$$

 となる．θ は $\vec{i}$ と $\vec{n}$ のなす角である．$\mathrm{d}S' = \mathrm{d}S\cos\theta$ ($\vec{i}$ に垂直な面に $\mathrm{d}S$ を投影した面積) が $\mathrm{d}S$ を通過する電流に垂直な面積を表しているので，$\mathrm{d}S'$ に i をかければ $\mathrm{d}S$ を通過する電流 $\mathrm{d}I$ となる．

 I は $\mathrm{d}I$ を面 S 上で足し上げればよいから

$$I = \int_S \mathrm{d}I = \int_S \vec{i} \cdot \vec{n}\,\mathrm{d}S \tag{11.3}$$

 となる．

アンペールの法則関連のおさらい 1

- rot (ローテーション) $\equiv \vec{\nabla} \times$

 ベクトル ($\vec{A}$ とする) に対する微分演算子である．

$$\mathrm{rot}\,\vec{A} = \vec{\nabla} \times \vec{A} \tag{11.4}$$

$$= \begin{pmatrix} \dfrac{\partial}{\partial x} \\ \dfrac{\partial}{\partial y} \\ \dfrac{\partial}{\partial z} \end{pmatrix} \times \begin{pmatrix} A_x \\ A_y \\ A_z \end{pmatrix} = \begin{pmatrix} \dfrac{\partial A_z}{\partial y} - \dfrac{\partial A_y}{\partial z} \\ \dfrac{\partial A_x}{\partial z} - \dfrac{\partial A_z}{\partial x} \\ \dfrac{\partial A_y}{\partial x} - \dfrac{\partial A_x}{\partial y} \end{pmatrix} \tag{11.5}$$

アンペールの法則関連のおさらい 2

- ストークスの定理 (定理の証明は省略)

  任意の $\vec{X}$ について閉曲線 C で囲まれた面 S で $\mathrm{rot}\,\vec{X}$ の面積分を行うと,

  $$\int_S \left(\mathrm{rot}\,\vec{X}\right) \cdot \vec{n}\,\mathrm{d}S = \oint_C \vec{X} \cdot \mathrm{d}\vec{l} \tag{11.6}$$

  経路 C に沿った線上での $\vec{X}$ の線積分に等しくなる. $\vec{n}$ の向きは, 右ネジを C の向き (線積分を行う向き, $\mathrm{d}\vec{l}$ の向き) に回してネジの進む向きである.

アンペールの法則のおさらい

- 微分形

  マクスウェル方程式 (真空中)

  $$\mathrm{rot}\,\vec{B} = \mu_0\,\vec{i} + \mu_0\,\varepsilon_0\,\frac{\partial \vec{E}}{\partial t} \tag{11.7}$$

  で, 定常状態 (時間変化なし : $\frac{\partial}{\partial t} = 0$) の場合が, アンペールの法則の微分形

  $$\mathrm{rot}\,\vec{B} = \mu_0\,\vec{i} \tag{11.8}$$

- 積分形

  式 (11.8) の両辺を閉曲線 C で囲まれた面 S 上で面積分して, ストークスの定理を使って変形すると

  $$\oint_C \vec{B} \cdot \mathrm{d}\vec{l} = \mu_0 \int_S \vec{i} \cdot \vec{n}\,\mathrm{d}S \tag{11.9}$$

  $\mathrm{d}\vec{l}$ は C 上の線素ベクトル, $\vec{n}$ は S 上の法線ベクトル. $\vec{n}$ の向きは, C 上で線積分を行う向き (つまり $\mathrm{d}\vec{l}$ の向き) に右ネジを回してネジが進む向き.

  式 (11.9) 右辺の面積分は, 式 (11.3) と同じなので

  $$\oint_C \vec{B} \cdot \mathrm{d}\vec{l} = \mu_0 \times (\text{C 内の電流}) \tag{11.10}$$

  または, C 内に離散的に電流が流れている場合

  $$\oint_C \vec{B} \cdot \mathrm{d}\vec{l} = \mu_0 \sum_i I_i \tag{11.11}$$

  と解釈できる. 但し, $\vec{n}$ と逆向きの I_i にはマイナスをつける.

1. 3本の導線を流れる電流

閉曲線 C 上の磁束密度を $\vec{B}$, C 上の線素を $d\vec{l}$ (向きは C を上から見て反時計回り) とする. C を 3 本の導線が貫いていて, それぞれに電流 I_1, I_2, I_3 が流れている. 電流 I_1, I_2 は下から上へ, I_3 は上から下へ向いている. なお, 電流の大きさも I_1, I_2, I_3 で表すことにする.

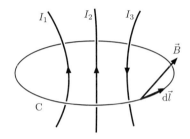

(a) 積分形のアンペールの法則の左辺 (C 上の線積分) を書きなさい.
(b) 積分形のアンペールの法則の右辺 (S 上の面積分の結果) を書きなさい.

2. 円筒を流れる電流による磁場

半径 b の円柱状の導体がある. この導体の中心部は半径 a の空洞 (真空) になっている. 導体には一様な電流 I が軸方向に流れている. 中心軸からの距離を r とする. アンペールの法則を用いて磁束密度を求める.

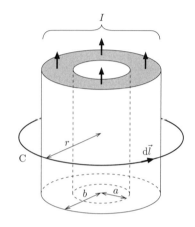

(a) 中心軸から半径 $r(>b)$ の円周 C 上の磁束密度 $\vec{B}$ の向きを図示しなさい. 図には電流の向きも示しなさい.
(b) 円周 C 上の線素ベクトルを $d\vec{l}$(向きは図参照) とするとき, $\vec{B} \cdot d\vec{l}$ を求めなさい.
(c) 円周 C について, アンペールの法則の左辺を書いて, 結果も求めなさい.
(d) 円周 C で囲まれた面 S について, アンペールの法則の右辺の結果を求めなさい.
(e) $r(>b)$ での磁束密度の大きさ B を求めなさい.
(f) $r(<a)$ での磁束密度の大きさ B を求めなさい.

3. 円柱を流れる電流による磁場

半径 a の無限に長い円柱の導体を導体の軸方向に電流 I が一様に流れている．導体の中心軸からの距離を r とする．アンペールの法則を用いて導体内外にできる磁束密度を求める．

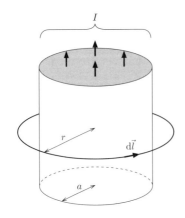

(a) 導体外部の磁束密度の大きさ B を求めなさい．線素ベクトル $\vec{dl}$ の向きは図を参照．

(b) 導体内部の電流密度の大きさ i を求めなさい．

(c) 導体内部の磁束密度の大きさ B を r の関数として求めなさい．線素ベクトル $\vec{dl}$ の向きは (a) と同じ向きとする．

4. ドーナツ (トーラス) 状コイル

ドーナツ状に密に巻かれたコイルに電流 I を流す．コイルの巻き数を N，ドーナツの中心からコイルの中心までの距離を R とする．

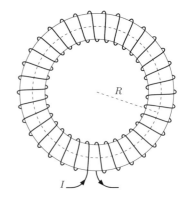

(a) コイル内のコイルの中心を通る半径 R の円上には，円の接線方向に磁場ができ，磁場の大きさは円上のどこでも同じである．その磁束密度の大きさ B をアンペールの法則を用いて求めなさい．

(b) $I = 1.0$ A，$N = 1000$ 回巻き，$R = 10$ cm のとき，B を計算して求めなさい．$\mu_0 = 4\pi \times 10^{-7}$ N・A^{-2} とする．

第11章 [解答例]

1. これは，閉曲線 (ループ) 内の電流が離散的な場合なので，おさらいの式 (11.11) から始める．

(a) 積分形のアンペールの法則の左辺は，おさらいの式 (11.11) より (左辺に関しては式 (11.9),(11.10) も同じである)，

$$(左辺) = \oint_C \vec{B} \cdot d\vec{l}$$

(b) (a) の積分を行う向き ($d\vec{l}$ の向き) に右ネジを回してネジが進む向きが電流の正の向き，その反対が負の向きである．従って I_1, I_2 は正の向き，I_3 は負の向きである (図参照)．

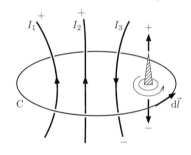

よって，おさらいの式 (11.11) の右辺より

$$(右辺) = \mu_0 \sum_i I_i = \mu_0 \left(I_1 + I_2 - I_3\right)$$

余談だが，(a) と (b) の式が等しいというのがアンペールの法則なので

$$\oint_C \vec{B} \cdot d\vec{l} = \mu_0 \left(I_1 + I_2 - I_3\right)$$

2. (a) まず，ビオ・サバールの法則で扱った直線電流が作る磁場を思い出そう．ここではおさらいとして結果だけを示す．次の図のように直線電流の向きに右ネジを置いて，それを右に回す向きに磁束密度 $\vec{B}$ ができる．$\vec{B}$ は I と垂直である．

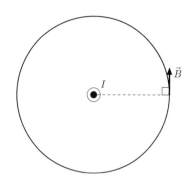

この問題の円筒中の電流を上記の直線電流の集まりと考えよう．下図は円筒の断面図である．図のように真ん中の直線PQで円筒を上下に分ける．直線PQから等距離にある円筒中の点の電流を I_1, I_2 とする．I_1, I_2 のそれぞれが点 P に作る磁束密度 $\vec{B}_1, \vec{B}_2$ は，図のようにそれぞれの電流に垂直になる．I_1, I_2 によって点 P にできる磁束密度 $\vec{B}$ は $\vec{B}_1$ と $\vec{B}_2$ の和で，円の接線方向になる．

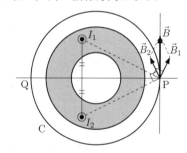

円筒中の他の場所の電流も，上記のように直線PQについて対称な2点の電流を組にして考えると，点Pにできる磁束密度 $\vec{B}$ の合計は円の接線方向となる．

結局，直線電流のときと同じように，円筒を流れる一様な電流は (円筒に限らず軸対称な形状に沿って流れる一様な電流も)，次の図のようにその電流を取り巻くような磁場を作る．

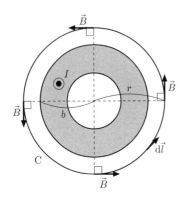

また，中心軸から等距離にある円周上の各点の磁束密度 $\vec{B}$ の大きさは等しくなる．なぜならば，磁場をつくる原因となる電流の分布は円周上のどの点から見ても同じだからである．

(b) $d\vec{l}$ は限りなく微小なベクトルであり，その方向は円周の接線方向になる．従って $\vec{B}$ と $d\vec{l}$ は平行なので，

$$\vec{B} \cdot d\vec{l} = B\, dl\, \cos 0 = \underline{B\, dl}$$

(c) 積分形のアンペールの法則の左辺はおさらいの式 (11.9), (11.10), (11.11) のどれでも共通である．左辺の線積分 (経路積分) は，

$$\oint_C \vec{B} \cdot d\vec{l} = \oint_C B\, dl \quad ((\text{b}) を代入)$$
$$= B \oint_C dl \quad (定数は積分の外へ)$$

dl は円上の線素の長さである．そして $\oint_C dl$ は dl (線素の長さ) を半径 r の円周に沿って足し上げるので，円周の長さ ($2\pi r$) になる．

$$B \oint_C dl = \underline{2\pi r B}$$

(d) この問題はアンペールの法則として式 (11.10) で考えるとよい．するとアンペールの法則の右辺の面積分は，

$$\int_S \vec{i} \cdot \vec{n}\, dS = \mu_0 \times (\text{C 内の電流}) = \underline{\mu_0 I}$$

となる．C 内では円筒全体に電流 I が流れている．これさえ理解できれば，この問題では面積分なんて必要ない！

但し，電流の向きが $d\vec{l}$ の向き (線積分の向き) から決まる $\vec{n}$ の向きと逆なら，答は $-\mu_0 I$ となる．ここでは，$d\vec{l}$ の向きに右ネジを回してネジが進む向きの $\vec{n}$ と電流の向きが同じなので，マイナスは付かない．

(e) アンペールの法則より，左辺 ((c) の結果) と右辺 ((d) の結果) が等しいので

$$2\pi r B = \mu_0 I$$
$$\therefore B = \underline{\dfrac{\mu_0 I}{2\pi r}}$$

(f) 空洞内で半径 $r\ (<a)$ の円周 C′ を考える．下図のように，円周 C′ 上の点 P′ にできる磁束密度 $\vec{B}$ の方向は，(a) と同様に考えると，円の接線方向である．但し，今回は点 P′ の右側にある電流がつくる磁束密度は図中で下向きになる．

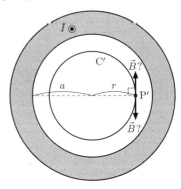

$\vec{B}$ は円の接線方向のベクトルが，上向きか下向きかは不明なので，とりあえず (a) と同じように図中で上向きと仮定する．

円周 C′ 上の各点の磁束密度の大きさ B は，(a) と同様に考えて，円周上のどの点から見ても，磁場の原因となる電流の分布が同じように見えることから，等しいはずである．

さて，これでアンペールの法則を使う準備ができた．

まずアンペールの法則の左辺は，おさらいの

式 (11.9) または式 (11.10) または式 (11.11)
より,

$$\oint_{C'} \vec{B} \cdot d\vec{l} = \oint_{C'} B\,dl = B \oint_{C'} dl = 2\pi r B$$

次にアンペールの法則の右辺は，この問題の場合も式 (11.10) を使うと面積分は不要だが，C の内部の面を S とすると,

$$\mu_0 \int_S \vec{i} \cdot \vec{n}\,dS = \mu_0 \times (\text{C'内の電流})$$
$$= \mu_0\,0 = 0$$

最後にアンペールの法則より，左辺と右辺が等しくなるから

$$2\pi r B = 0$$
$$\therefore\ B = \underline{0}$$

3. (a) 一様な電流が中心軸に対して対称に流れているので，問 2. で説明したように，電流を取り巻くように磁場ができる．そこで，図のように半径 r の円周 C について，アンペールの法則を使う．

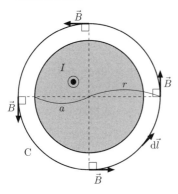

まず，円周上の磁束密度 $\vec{B}$ は円の接線方向に向き，その大きさ B は円周上では同じになる．

次に，アンペールの法則の線積分の向き ($d\vec{l}$ の向き) は $\vec{B}$ と同じなので

$$\vec{B} \cdot d\vec{l} = B\,dl\,\cos 0 = B\,dl$$

そして，$d\vec{l}$ の向きに右ネジを回してネジが進む向きの $\vec{n}$ と電流の向きは同じなので，C 内の電流は $+I$ である．ちなみに $\vec{n}$ と I の向きが逆なら，C 内の電流は $-I$ としなければならない．

これで準備ができた．アンペールの法則はおさらいの式 (11.10) を使おう．左辺の線積分は

$$\oint_C \vec{B} \cdot d\vec{l} = \oint_C B\,dl = B \oint_C dl = 2\pi r B$$

右辺の面積分は，式 (11.10) より

$$\mu_0 \int_S \vec{i} \cdot \vec{n}\,dS = \mu_0 \times (\text{C 内の電流}) = \mu_0 I$$

最後にアンペールの法則より，左辺と右辺が等しくなるから

$$2\pi r B = \mu_0 I$$
$$\therefore\ B = \frac{\mu_0 I}{2\pi r}$$

(b) おさらいの式 (11.1) より

$$i = \frac{I}{\pi a^2}$$

(c) 導体内部でも同様に問 2. の説明が成り立つので，中心軸を取り巻くように磁場ができる．そこで，図のように導体内の半径 r の円周 C' について，アンペールの法則を使う．線積分の方向を表す線素ベクトル $d\vec{l}$ の向きは，図のように (a) と同じ向きとする．

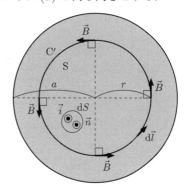

まず，円周上の磁束密度 $\vec{B}$ は円の接線方向に向き，その大きさ B は円周上では同じになる．

次に，アンペールの法則の線積分の向き ($d\vec{l}$ の向き) は $\vec{B}$ と同じなので
$$\vec{B} \cdot d\vec{l} = B\, dl \cos 0 = B\, dl$$
これで準備ができた．あれっ？ $d\vec{l}$ の向きと電流の向きの関係は調べておかないの？ 実は，今回はアンペールの法則はおさらいの式 (11.9) を使うので，図に法線ベクトル $\vec{n}$ と電流密度ベクトル $\vec{i}$ の向きを描き込んでおきました．というわけで，面積分で使う $\vec{i} \cdot \vec{n}$ を求めておこう．$\vec{i}$ と $\vec{n}$ は平行 (同じ向き) なので，
$$\vec{i} \cdot \vec{n} = i \cdot 1 \cdot \cos 0 = i$$
さて，左辺の線積分は
$$\oint_{C'} \vec{B} \cdot d\vec{l} = \oint_{C'} B\, dl = B \oint_{C'} dl = 2\pi r B$$
右辺の面積分は C' で囲まれた面を S として，おさらいの式 (11.9) を使うと，
$$\mu_0 \int_S \vec{i} \cdot \vec{n}\, dS = \mu_0 \int_S i\, dS$$
$$= \mu_0\, i \int_S dS$$
$$= \mu_0\, i \times (\text{半径 } r \text{ の円の面積})$$
$$= \mu_0\, i \pi r^2$$
最後にアンペールの法則より，左辺と右辺が等しくなるから
$$2\pi r B = \mu_0\, i \pi r^2$$
$$\therefore B = \frac{\mu_0\, i\, r}{2}$$
(b) の結果を代入すると，
$$B = \frac{\mu_0\, I\, r}{2\pi a^2}$$
4. (a) コイル内のコイルの中心を通る半径 R の円を C，その内部の面を S として，アンペールの法則を使う．この問題は磁束密度の大きさだけを求めればよいので，磁束密度，電流，積分経路，法線ベクトルなどの向きは気にしなくても答は求まる．

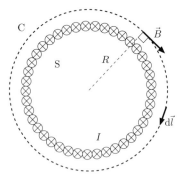

が，敢えて気にすることにして，上図のようにコイルの内側部分の電流 I の向きを仮定した (コイルの外側部分の電流 I は描くのを省略したが，これと逆向きである)．

これに合わせて，コイルの内側部分の電流 I が正の向きとなるように，$d\vec{l}$ の向き (線積分の向き) を図のように時計回りとした．磁束密度 $\vec{B}$ の向きはわからないので とりあえず $d\vec{l}$ の向きに合わせておいた．求まった B がもし負なら，$\vec{B}$ の向きはこの逆である．

それではアンペールの法則を使おう．今回はおさらいの式 (11.11) を使う．そろそろ慣れてきたことを期待して，いきなり左辺，右辺から書き始めて，式変形してみる．

それでは左辺から，
$$(\text{左辺}) = \oint_C \vec{B} \cdot d\vec{l}$$
$$= \oint_C B\, dl$$
$$= B \oint_C dl$$
$$= 2\pi R B$$

続いて右辺は

$$(右辺) = \mu_0 \int_S \vec{i} \cdot \vec{n} \, dS$$

$$= \mu_0 \sum_i I_i$$

$$= \mu_0 \sum_{i=1}^{N} I_i \quad (N\text{巻きだから})$$

$$= \mu_0 I N \quad (I_i = I)$$

アンペールの法則より，左辺と右辺が等しいので

$$2\pi R B = \mu_0 I N$$

$$\therefore \quad B = \underline{\frac{\mu_0 I N}{2\pi R}}$$

(b) 代入値の単位をMKSA単位系 ([m], [kg], [s], [A]) に変換しておけば，磁束密度の単位は [T] (= [Wb/m^2]) となる．(a) の結果に，$I = 1.0$ A, $R = 10$ cm $= 0.10$ m, $N = 1000$, $\mu_0 = 4\pi \times 10^{-7}$ N·A^{-2} を代入すると，

$$B = \frac{\mu_0 I N}{2\pi R}$$

$$= \frac{4\pi \times 10^{-7} \times 1.0 \times 1000}{2\pi \times 0.10}$$

$$= \underline{2.0 \times 10^{-3} \text{ T}}$$

第11章 おしまい… お疲れ様でした．

第12章

ローレンツの力とアンペールの力

この章中の記号や条件等の説明

- $\vec{A}, \vec{a}, \vec{x}, \boldsymbol{A}, \boldsymbol{a}, \boldsymbol{x}$ ベクトルは矢印や太字 (黒板では二重線) で表されるが，本書では矢印表記を用いる．
- μ_0 真空の透磁率．
- t 時刻，時間を表す変数．
- $\vec{r}(t) = (x(t), y(t), z(t))$ 位置ベクトル．
- $\vec{v}(t) = (v_x(t), v_y(t), v_z(t))$ 速度ベクトル．
- $\vec{F}(t) = (F_x(t), F_y(t), F_z(t))$ 力のベクトル．
- $\Delta \vec{s}, \Delta \vec{l}$ 線分ベクトル．
- q, Q 電荷．
- I 電流．
- $\vec{B}(\vec{x}) = (B_x(\vec{x}), B_y(\vec{x}), B_z(\vec{x}))$ 場所 $\vec{x}$ での磁束密度ベクトル．

外積のおさらい

- 第 10 章の「**外積のおさらい**」を参照.

ローレンツの力のおさらい

- 磁束密度 $\vec{B}$ の磁場の中で,電荷 q を持った粒子が速度 $\vec{v}$ で運動すると,ローレンツ力
$$\vec{F} = q\,\vec{v} \times \vec{B} \tag{12.1}$$
を受ける.
- $\vec{F}$ の大きさ F は,$\vec{v}$ と $\vec{B}$ のなす角を θ とすると
$$F = |q|\,|\vec{v}|\,|\vec{B}|\sin\theta \tag{12.2}$$
である.q は負の場合もあるので絶対値をとる.

アンペールの力のおさらい

- 磁束密度 $\vec{B}$ の磁場中で,電流は長さ Δs あたり
$$\Delta\vec{F} = I\Delta\vec{s} \times \vec{B} \tag{12.3}$$
の力を受ける.この力を**アンペールの力**という.
  $\Delta\vec{s}$ の大きさは電流が $\Delta\vec{F}$ の力を受ける部分の長さ,$\Delta\vec{s}$ の向きは電流の向きを表す.
- $\Delta\vec{F}$ の大きさは,電流と磁場のなす角を θ とすると
$$\Delta F = I\Delta s B \sin\theta \tag{12.4}$$
- 一般的ではないが,電流を $\vec{I}$ と書いて $\vec{I}$ の大きさで電流の強さを,$\vec{I}$ の向きで電流の向きを示すことにする.電流の長さ L の部分が力 $\vec{F}$ を受けるとすると
$$\vec{F} = \vec{I} \times \vec{B} L \tag{12.5}$$
となる.その大きさは
$$F = IBL\sin\theta \tag{12.6}$$
となる.θ は電流と磁場のなす角である.
  記号を変えただけで,扱っている物理現象は同じである.理解しやすい方を覚えればよい.理解してしまえば,どちらで書くこともできるはずだから.

1. 磁場中の電荷

> 電荷 $q = 3$ pC を持った粒子が, 速さ $v = 5$ m/s で, 磁束密度の大きさ $B = 80$ mT の磁場中に進入した.

(a) 粒子が磁場に平行に進入した場合, 粒子に作用するローレンツの力の大きさ F_1 を求めなさい.

(b) 粒子が磁場に垂直に進入した場合, 粒子に作用するローレンツの力の大きさ F_2 を求めなさい.

(c) 粒子が磁場と $30°$ の角度で進入した場合, 粒子に作用するローレンツの力の大きさ F_3 を求めなさい.

2. ローレンツ力による荷電粒子の円運動

> 電子 (質量 m, 電荷 $-e < 0$ とする) が, $t = 0$ に $\vec{r}_0 = (0, 0, 0)$ から, 初速度 $\vec{v}_0 = (0, v_0, 0)$ で, 磁束密度 $\vec{B} = (0, 0, B)$ の一様な磁場中に進入してきた ($v_0 > 0$, $B > 0$ とする). その後の電子の速度を $\vec{v} = (v_x, v_y, v_z)$ とする.

(a) $t = 0$ の状況を図示しなさい.

(b) $t = 0$ のとき, 電子に作用するローレンツ力 $\vec{F}$ を求めなさい.

(c) 電子の運動方程式をベクトル形式で書きなさい.

(d) 電子の運動方程式の x, y 成分を書きなさい.

(e) v_y を消去して, v_x の微分方程式を立てなさい. そのとき, $\omega_0 = \dfrac{eB}{m}$ と置き換えてよい.

(f) $v_x = A \sin(\omega_0 t + \alpha)$ が微分方程式 (運動方程式) を満たすことを示しなさい. A, α は定数である.

(g) v_y を求めなさい.

(h) 初期条件より A, α を求めなさい.

(i) 電子の位置を $\vec{r} = (x, y, z)$ として, x, y を求めなさい. このとき, 積分定数は c_1, c_2 などとしなさい.

(j) 初期条件より積分定数 (c_1, c_2 など) を求めなさい.

(k) 電子はどんな運動をするか述べなさい.

3. 地磁気中の電流に作用する力

> 水平に置いた長さ $L = 50$ cm のまっすぐな導線に, $I = 200$ mA の電流を流している. 地磁気の水平成分は $B = 30$ μT で, 垂直成分はないものとする (本当はある).

(a) 導線を水平に保ったまま, 回転して方角を変えていくと, どのような方角になったとき, アンペールの力がゼロになるか?

(b) 電流が北向き (磁北の向き) に流れている状態から, 導線を左回り (反時計方向) に $30°$ 回した. 回転後の導線に作用する力の大きさを求めなさい.

(c) そのとき, 導線はどちら向きに力を受けるか?

4. 平行電流に作用する力

> 距離 r 離れた 2 本の平行な導線に, 同じ向き, 同じ強さの電流 I が流れている.

(a) 一方の導線が, もう一方の導線の位置に作る磁束密度の大きさ B を求めなさい.

(b) 導線の長さ L が受けるアンペールの力の大きさ F を求めなさい.

(c) $r = 1$ m, $L = 1$ m のとき, アンペールの力を測定したところ, $F = 2 \times 10^{-7}$ N であった. 導線の電流値 I を求めなさい. 但し, 真空の透磁率は $\mu_0 = 4\pi \times 10^{-7}$ H/m (または [N/A^2]) である.

第12章 [解答例]

1. 粒子の速度を $\vec{v}$, 磁束密度を $\vec{B}$ とする. 粒子に作用するローレンツ力 $\vec{F}$ は, おさらいの式 (12.1) を使う.

$$\vec{F} = q\,\vec{v} \times \vec{B}$$

これを覚えておいて, その大きさ F は, $\vec{v}$ と $\vec{B}$ の外積の大きさを求めればよい. つまり, おさらいの式 (10.2) を使う. すると, おさらいの式 (12.2) が得られる. $\vec{v}$ と $\vec{B}$ のなす角を θ として,

$$F = qvB\sin\theta$$

(a) 粒子が磁場と平行に進入するということは $\theta = 0$ なので,

$$F = qvB\sin 0 = \underline{0\ \text{N}}$$

q, v, B に値を代入するまでもない. 但し, 単位は忘れずに.

(b) 磁場に垂直に入射するので $\theta = \dfrac{\pi}{2}$. そして,
$q = 3\ \text{pC} = 3 \times 10^{-12}\ \text{C}$,
$v = 5\ \text{m/s}$,
$B = 80\ \text{mT} = 80 \times 10^{-3}\ \text{T}$
を代入すると,

$$\begin{aligned}F &= 3 \times 10^{-12}\,\text{C} \times 5\,\text{m/s} \\ &\quad \times 80 \times 10^{-3}\,\text{T}\ \times \sin\frac{\pi}{2} \\ &= \underline{1.2 \times 10^{-12}\,\text{N}}\end{aligned}$$

(c) 磁場と $30°$ の角度で進入するので, $\theta = \dfrac{\pi}{6}$ を代入すると

$$\begin{aligned}F &= 3 \times 10^{-12}\,\text{C} \times 5\,\text{m/s} \\ &\quad \times 80 \times 10^{-3}\,\text{T} \times \sin\frac{\pi}{6} \\ &= 3 \times 10^{-12}\,\text{C} \times 5\,\text{m/s} \\ &\quad \times 80 \times 10^{-3}\,\text{T} \times \frac{1}{2} \\ &= \underline{0.6 \times 10^{-12}\,\text{N}}\end{aligned}$$

2. (a) 次の図のようになる. 次の問で求めるローレンツ力 $\vec{F}$ も描き込んだ.

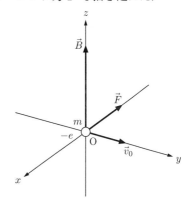

(b) おさらいの式 (12.1) より,

$$\vec{F} = -e\,\vec{v_0} \times \vec{B}$$

これに, ベクトルの成分を代入すると

$$\begin{aligned}\vec{F} &= -e\begin{pmatrix}0\\v_0\\0\end{pmatrix} \times \begin{pmatrix}0\\0\\B\end{pmatrix} \\ &= -e\begin{pmatrix}v_0 B - 0\cdot 0\\0\cdot 0 - 0\cdot B\\0\cdot 0 - v_0\cdot 0\end{pmatrix} \\ &= \underline{\begin{pmatrix}-e\,v_0 B\\0\\0\end{pmatrix}}\end{aligned}$$

$t = 0$ のローレンツ力 $\vec{F}$ は, x 軸に平行で, x 軸の負の向きである.

(c) 運動方程式の左辺の加速度ベクトルは

$$\dot{\vec{v}} = \frac{d\vec{v}}{dt}$$

右辺の力は, おさらいの式 (12.1) のローレンツ力 $\vec{F}$ のみ. よって,

$$\underline{m\dot{\vec{v}}\left(=\vec{F}\right) = -e\,\vec{v} \times \vec{B}}$$

(d) ローレンツ力 $\vec{F}$ を成分表示すると

$$\vec{F} = -e \begin{pmatrix} v_x \\ v_y \\ v_z \end{pmatrix} \times \begin{pmatrix} 0 \\ 0 \\ B \end{pmatrix}$$

$$= -e \begin{pmatrix} v_y B - v_z \cdot 0 \\ v_z \cdot 0 - v_x \cdot B \\ v_x \cdot 0 - v_y \cdot 0 \end{pmatrix}$$

$$= \begin{pmatrix} -e v_y B \\ e v_x B \\ 0 \end{pmatrix}$$

よって (c) の運動方程式は

$$\begin{pmatrix} m\dot{v}_x \\ m\dot{v}_y \\ m\dot{v}_z \end{pmatrix} = \begin{pmatrix} -e v_y B \\ e v_x B \\ 0 \end{pmatrix}$$

となり,x,y 成分は

$$\begin{cases} m\dot{v}_x = -e v_y B \\ m\dot{v}_y = e v_x B \end{cases}$$

ちなみに,z 成分は $\dot{v}_z = 0$ の両辺を積分すると $v_z =$ const. (定数). 初速度の z 成分は 0 なので $v_z = 0$ となる. さらに $(v_z =)\dot{z} = 0$ の両辺を積分して $z =$ const.. $t = 0$ で粒子は原点にあるので $z = 0$ となる. だいぶ,脇道にそれた…

(e) (d) の結果で,$\omega_0 = \dfrac{eB}{m}$ の置き換えを行うと

$$\begin{cases} \dot{v}_x = -\omega_0 v_y \\ \dot{v}_y = \omega_0 v_x \end{cases}$$

x 成分の式 (第 1 式) の両辺を時間微分すると

$$\ddot{v}_x = -\omega_0 \dot{v}_y$$

この右辺に y 成分の式 (第 2 式) を代入すると

$$\ddot{v}_x = -\omega_0 \dot{v}_y$$
$$= -\omega_0 (\omega_0 v_x)$$
$$= -\omega_0^2 v_x$$

よって,

$$\ddot{v}_x = -\omega_0^2 v_x$$

ところで,この微分方程式に見覚えはないか? 自分自身 (v_x) を 2 回微分すると,自分自身 (v_x) に負の係数 ($-\omega_0^2$) をかけたものと等しくなる. これでピンときたら,力学がしっかり身に付いている証拠です. まだ,小首をかしげている場合は,v_x を x や z で置き換えるとどうか? 何か思い出さないか…? もう,わかった!? そう,この v_x は単振動の式になります. それでは,次の問でそれを確認してみよう.

(f) まず,(e) の結果の左辺に

$$v_x = A \sin(\omega_0 t + \alpha)$$

を代入すると

$$\ddot{v}_x = \frac{d^2}{dt^2} v_x = \frac{d}{dt}\left(\frac{d}{dt} v_x\right)$$
$$= \frac{d}{dt}\left(\frac{d}{dt} A \sin(\omega_0 t + \alpha)\right)$$
$$= \frac{d}{dt}(A\omega_0 \cos(\omega_0 t + \alpha)) \text{ (1 回微分した)}$$
$$= -A\omega_0^2 \sin(\omega_0 t + \alpha) \quad \text{(2 回微分した)}$$

となる (くどく書いたが,v_x の時間微分を 2 回行うことを理解していれば,いきなり最後の式を書いてもよい).

次に,(e) の結果の右辺に

$$v_x = A \sin(\omega_0 t + \alpha)$$

を代入すると

$$-\omega_0^2 v_x = -A\omega_0^2 \sin(\omega_0 t + \alpha)$$

となる.

以上より,左辺と右辺が等しくなり,

$$v_x = A \sin(\omega_0 t + \alpha)$$

は，(e) の結果の微分方程式を満たす．
証明終わり．

ところで，単振動の一般解の表現方法はいろいろあった．sin を cos にしたものや，α を使わずに，その代わりに sin と cos を両方使って，係数 A を 2 つ (例えば A_1, A_2) 使ったものなど

$$A\sin(\omega_0 t + \alpha)$$
$$A\cos(\omega_0 t + \alpha)$$
$$A_1 \sin\omega_0 t + A_2 \cos\omega_0 t$$

忘れていた人は，単振動の復習をしてみるとよい．

(g) (e) のはじめに書いた式 (運動方程式の x 成分)

$$\dot{v}_x = -\omega_0 v_y$$

より

$$v_y = -\frac{\dot{v}_x}{\omega_0}$$

これに (f) の

$$v_x = A\sin(\omega_0 t + \alpha)$$

を代入すると

$$v_y = -\frac{1}{\omega_0}\dot{v}_x$$
$$= -\frac{1}{\omega_0}A\omega_0 \cos(\omega_0 t + \alpha)$$
$$= \underline{-A\cos(\omega_0 t + \alpha)}$$

(h) ここで，運動方程式から得られた速度の x, y 成分をあらためて書いておくと，(f),(g) より

$$\begin{cases} v_x(t) = A\sin(\omega_0 t + \alpha) \\ v_y(t) = -A\cos(\omega_0 t + \alpha) \end{cases}$$

それぞれが時間 t の関数であることを強調するために (t) を付けておいた．

さて，初期条件は何だろう？問題を読むと初期条件として，$t=0$ の粒子の初期位置と初速度が与えられている．上の式に $t=0$ を代入すると初速度

$$\begin{cases} v_x(0) = A\sin(\omega_0 0 + \alpha) = A\sin\alpha \\ v_y(0) = -A\cos(\omega_0 0 + \alpha) = -A\cos\alpha \end{cases}$$

が得られる．これが初速度 $\vec{v}_0 = (0, v_0, 0)$ に等しい．よって，

$$\begin{cases} v_x(0) = A\sin\alpha = 0 \\ v_y(0) = -A\cos\alpha = v_0 \end{cases}$$

この第 2 式から $A=0$ だと $v_0 = 0$ となって，題意に反するので $A \neq 0$．すると，第 1 式から $\sin\alpha = 0$ となり，

$$\alpha = 0 \ (, \pi, \cdots)$$

これを第 2 式に代入すると

$$A = -v_0 \ (, v_0, \cdots)$$

以上をまとめると

$$\begin{cases} \alpha = 0 \\ A = -v_0 \end{cases} \quad \text{または，} \quad \begin{cases} \alpha = \pi \\ A = v_0 \end{cases}$$

ところで，初期位置の方は使わないの？ごもっとも．しかし，そんなにあわてなくても後で必要になるので，ご心配なく．

(i) (h) の結果を (h) のはじめの速度の x, y 成分の式に代入すると，どちらを代入しても

$$\begin{cases} v_x(t) = -v_0 \sin\omega_0 t \\ v_y(t) = v_0 \cos\omega_0 t \end{cases}$$

となる．$v_x = \frac{dx}{dt} = \dot{x}, v_y = \frac{dy}{dt} = \dot{y}$ なので

$$\begin{cases} \dot{x}(t) = -v_0 \sin\omega_0 t \\ \dot{y}(t) = v_0 \cos\omega_0 t \end{cases}$$

2 式の両辺を時間 t で不定積分すると，

$$\begin{cases} x(t) = \dfrac{v_0}{\omega_0}\cos\omega_0 t + c_1 \\ y(t) = \dfrac{v_0}{\omega_0}\sin\omega_0 t + c_2 \end{cases}$$

但し，c_1, c_2 は積分定数である．

(j) ここで，まだ残っている初期条件，つまり初期位置 $\vec{r}_0 = (0,0,0)$ を使う．
(i) の結果に $t=0$ を代入すると初期位置になるので

$$\begin{cases} x(0) = \dfrac{v_0}{\omega_0}\cos\omega_0 0 + c_1 = \dfrac{v_0}{\omega_0} + c_1 = 0 \\ y(0) = \dfrac{v_0}{\omega_0}\sin\omega_0 0 + c_2 = c_2 = 0 \end{cases}$$

よって，

$$\begin{cases} c_1 = -\dfrac{v_0}{\omega_0} \\ c_2 = 0 \end{cases}$$

(k) (d) で示したように $z=0$ なので (実は脇道ではなかったのだ)，電子は xy 平面内で運動する．(j) の結果を (i) の結果に代入すると

$$\begin{cases} x(t) = \dfrac{v_0}{\omega_0}\cos\omega_0 t - \dfrac{v_0}{\omega_0} \\ y(t) = \dfrac{v_0}{\omega_0}\sin\omega_0 t \end{cases}$$

ここで $\dfrac{v_0}{\omega_0} = a$ (定数) とすると

$$\begin{cases} x(t) = a\cos\omega_0 t - a \\ y(t) = a\sin\omega_0 t \end{cases}$$

これが電子の運動を表しているのだが，さて，(x,y) は一体どんな軌道だろう？

$$\begin{cases} x(t) + a = a\cos\omega_0 t \\ y(t) = a\sin\omega_0 t \end{cases}$$

とした方がわかりやすいだろうか．両辺を自乗して各辺どうしを足すと

$$(x+a)^2 + y^2 = a^2\cos^2\omega_0 t + a^2\sin^2\omega_0 t$$
$$= a^2\left(\cos^2\omega_0 t + \sin^2\omega_0 t\right)$$
$$= a^2$$

この式は，中心 $(-a,0)$，半径 a の円を表している．
また，(d) で示した $v_z=0$ と，(i) のはじめに書いた速度の x,y 成分の式

$$\begin{cases} v_x(t) = -v_0\sin\omega_0 t \\ v_y(t) = v_0\cos\omega_0 t \end{cases}$$

より，電子の速さは

$$\begin{aligned} |\vec{v}| &= \sqrt{v_x{}^2 + v_y{}^2 + v_z{}^2} \\ &= \sqrt{v_0{}^2\sin^2\omega_0 t + v_0{}^2\cos^2\omega_0 t + 0^2} \\ &= \sqrt{v_0{}^2\left(\sin^2\omega_0 t + \cos^2\omega_0 t\right)} \\ &= \sqrt{v_0{}^2} = v_0 \end{aligned}$$

以上より，電子は初速と同じ速さ v_0 で，xy 平面内で $(-a,0,0)$ を中心にした半径 a の等速円運動をする．但し，$a = \dfrac{v_0}{\omega_0}$ である．解答終わり．

ちなみに，円運動では「速さ＝半径×角速度」の関係があるので，$v_0 = a\omega_0$ より $\omega_0\left(=\dfrac{eB}{m}\right)$ が角速度であることがわかる
また，半径は

$$a = \dfrac{v_0}{\omega_0} = \dfrac{mv_0}{eB}$$

である．

3. まず，地磁気について整理しておく．方位磁石の N 極は北 (磁北) を指す (ちなみに，磁北は北極点からずれている)．ということは，地球という磁石は，北極が S 極，南極が N 極になっており，磁力線は北向きである．従って，地磁気の磁束密度 $\vec{B}$ も北向きである．$\vec{B}$ と電流のなす角を θ とする．
次に，導線に作用する力 (アンペールの力) $\vec{F}$ は，おさらいの式 (12.5) (または式 (12.3)) より

$$\vec{F} = \vec{I} \times \vec{B}L$$

これを覚えておいて，その大きさ F は，$\vec{I}$ と $\vec{B}$ の外積の大きさを求めればよい．つまり，おさらいの式 (10.2) を使う．すると，おさら

いの式 (12.6) (または式 (12.4)) が得られる．
$$F = IBL\sin\theta$$

(a) F がゼロになるのは，$\theta = 0$ または π のとき．よって，導線が地磁気と平行な南北の方向(北向き，または南向き)になったとき，アンペールの力がゼロになる．

(b) F を求める式に
$$I = 20\,\text{mA} = 20 \times 10^{-3}\,\text{A}$$
$$B = 30\,\mu\text{T} = 30 \times 10^{-6}\,\text{T}$$
$$L = 50\,\text{cm} = 0.50\,\text{m}$$
$$\theta = 30° \left(=\frac{\pi}{6}\right)$$

を代入すると，
$$\begin{aligned} F &= IBL\sin\theta \\ &= 200 \times 10^{-3}\,\text{A} \times 30 \times 10^{-6}\,\text{T} \\ &\quad \times\ 0.50\,\text{m} \times \sin\frac{\pi}{6} \\ &= 3000 \times 10^{-9} \times \frac{1}{2}\,\text{N} \\ &= \underline{1.5 \times 10^{-6}\,\text{N}} \ \text{または}\ \underline{1.5\,\mu\text{N}} \end{aligned}$$

(c) $\vec{I}$ から $\vec{B}$ に右ネジを回す．この場合，上から見て右回り(時計回り)に右ネジを回すことになる．すると右ネジは下向きに進む．よって $\vec{F}$ は下向きになるので，導線は下向きにアンペールの力を受ける．

4. (a) 導線から r 離れたところでの磁束密度の大きさ B を求めればよい．ビオ・サバールの法則かアンペールの法則(積分形)を使う．後者の方が簡単．そこで，導線を中心にした半径 r の円にアンペールの法則を適用する．円周を C，円内の面を S とする．

まず，円周上の磁束密度 $\vec{B}$ の向きは円の接線方向である．また，円周上では磁場が発生する原因となる電流までの距離がどこでも等しいので，磁束密度の大きさ B は円周上では定数となる．円周上の線素ベクトルを $\mathrm{d}\vec{l}$ とする

と，$\vec{B}$ と $\mathrm{d}\vec{l}$ の内積は
$$\vec{B}\cdot\mathrm{d}\vec{l} = B\,\mathrm{d}l\cos 0 = B\,\mathrm{d}l$$

これより，アンペールの法則の線積分は
$$\oint_C \vec{B}\cdot\mathrm{d}\vec{l} = B\oint_C \mathrm{d}l = B \times (\text{円周}) = 2\pi r B$$

次に，円内部の電流の合計は I である．よって，アンペールの法則の面積分は
$$\mu_0 \int_S \vec{i}\cdot\vec{n}\,\mathrm{d}S = \mu_0 I$$

アンペールの法則より，これらの線積分と面積分が等しくなるから
$$2\pi r B = \mu_0 I$$
$$\therefore B = \underline{\frac{\mu_0 I}{2\pi r}}$$

(b) もう一方の導線には，(a) の磁束密度 $\vec{B}$ と垂直に電流 I が流れるので，電流と磁束密度のなす角 θ は $90°\left(=\frac{\pi}{2}\right)$．電流の長さ L が受けるアンペールの力の大きさ F は
$$\begin{aligned} F &= IBL\sin\theta = IBL\sin\frac{\pi}{2} = IBL \\ &= I\frac{\mu_0 I}{2\pi r}L \quad ((a)\text{ の結果を代入}) \\ &= \underline{\frac{\mu_0 I^2 L}{2\pi r}} \end{aligned}$$

(c) (b) の結果を I について解いて，数値を代入すると
$$\begin{aligned} I &= \sqrt{\frac{2\pi r F}{\mu_0 L}} \\ &= \sqrt{\frac{2\pi \times 1\,\text{m} \times 2 \times 10^{-7}\,\text{N}}{4\pi \times 10^{-7}\,\text{N/A}^2 \times 1\,\text{m}}} \\ &= \underline{1\,\text{A}} \end{aligned}$$

実はこの問題は 1 A の定義なのである．つまり，1 m 離れた平行な同じ大きさの電流の 1 m に作用する力が $2 \times 10^{-7}\,\text{N}$ であるとき，その電流を 1 A とする．

第 12 章 おしまい… お疲れ様でした．

第13章

電磁誘導 (ファラデーの法則)

この章中の記号や条件等の説明

• $\vec{A}, \vec{a}, \vec{x}, \boldsymbol{A}, \boldsymbol{a}, \boldsymbol{x}$	ベクトルは矢印や太字 (黒板では二重線) で表されるが，本書では矢印表記を用いる．
• $\Phi(t)$	時刻 t における磁束．
• $\vec{B}(\vec{x},t) = (B_x(\vec{x},t), B_y(\vec{x},t), B_z(\vec{x},t))$	時刻 t における場所 $\vec{x}$ での磁束密度ベクトル．
• $\vec{n}$	面に垂直な単位ベクトル．面に垂直なベクトルを法線ベクトルという．
• dS	微小面積．面積素片ともいう．
• $d\Phi$	微小面積 dS を貫く微小な磁束．
• $\vec{E}(\vec{x},t) = (E_x(\vec{x},t), E_y(\vec{x},t), E_z(\vec{x},t))$	時刻 t における場所 $\vec{x}$ での電場ベクトル．
• $d\vec{s}, d\vec{l}$	線素 (微小線分) ベクトル．大きさは ds, dl．ds が dS(面積素片=微小面積) とまぎらわしいとき，$d\vec{l}$ を使ってみた．
• V_e, $V_e(t)$	誘導起電力．

電磁誘導のおさらい

- **電磁誘導**は，閉曲線 C で囲まれた面 S 上の磁束密度 $\vec{B}$ が時間変化する結果，閉曲線 C 上に**誘導電場** $\vec{E}$ が生じる現象である．
- 誘導電場 $\vec{E}$ によって電荷に力が作用し，それが電流を流そうとする**誘導起電力**となる．

磁束の求め方のおさらい

- 微小面積 dS を貫く磁束 $d\Phi$ は，
$$d\Phi = \vec{B}(\vec{x}, t) \cdot \vec{n}\, dS = B_n\, dS \tag{13.1}$$
$\vec{n}$ は dS に垂直な単位ベクトル．$\vec{B} \cdot \vec{n}$ は，磁束密度 $\vec{B}$ の dS に垂直な成分 B_n となる．それに面積 dS をかけると磁束となる．
- 面 S を貫く磁束 $\Phi(t)$ は
$$\Phi(t) = \int_S d\Phi = \int_S \vec{B}(\vec{x}, t) \cdot \vec{n}\, dS \tag{13.2}$$
- 面積 S のコイルを貫く磁束が $\Phi(t) = B_n S$ のとき，コイル N 巻きを貫く全磁束 $\Phi_N(t)$ は，N 巻き分の面積が NS になることから
$$\Phi_N(t) = B_n NS = N\Phi(t) \tag{13.3}$$
- 磁束 $\Phi(t)$ の単位は [Wb]，読みはウェーバー．磁束密度 B の単位は $[T] = [Wb/m^2]$ とも書ける．

磁束の性質のおさらい

- マクスウェル方程式の 1 つである磁束密度に関するガウスの法則の微分形
$$\mathrm{div}\vec{B} = 0 \tag{13.4}$$
を，ある閉曲面 S とその内部の領域 V について成り立つガウスの定理[1]
$$\int_V \mathrm{div}\vec{B}\, dV = \int_S \vec{B} \cdot \vec{n}\, dS \tag{13.5}$$
に代入すると，磁束密度に関するガウスの法則の積分形
$$\int_S \vec{B} \cdot \vec{n}\, dS = 0 \tag{13.6}$$
となる．この左辺は，式 (13.2) の磁束 Φ である．これより，閉曲面上の磁束 Φ の合計は 0 となる．つまり，入ってきた磁束は全て出ていくことを意味する．

---

[1] ガウスの定理は，(電場に関する) ガウスの法則を微分形から積分形に変形するときにも使った．

ファラデーの法則のおさらい その1

- ファラデーの法則の微分形
  マクスウェル方程式の1つ
  $$\mathrm{rot}\,\vec{E} = -\frac{\partial \vec{B}}{\partial t} \tag{13.7}$$

- ファラデーの法則の積分形
  式 (13.7) を閉曲線 C とそれによって囲まれた面 S について成り立つストークスの定理[2]
  $$\int_S \left(\mathrm{rot}\,\vec{E}\right)\cdot \vec{n}\,\mathrm{d}S = \oint_C \vec{E}\cdot \mathrm{d}\vec{l} \tag{13.8}$$
  に代入して，左辺と右辺を入れ換えると
  $$\oint_C \vec{E}\cdot \mathrm{d}\vec{l} = -\frac{\mathrm{d}}{\mathrm{d}t}\int_S \vec{B}\cdot \vec{n}\,\mathrm{d}S \tag{13.9}$$
  右辺は微分と積分の順序を入れ換えてある[3]．
  $\vec{E}$ は $\vec{B}$ の時間変化の結果起きる電磁誘導によって生じる誘導電場，$\mathrm{d}\vec{l}$ は C 上の線素ベクトル，$\vec{n}$ は S 上の法線ベクトル．$\vec{n}$ の向きは，C 上で線積分を行う向き (つまり $\mathrm{d}\vec{l}$ の向き) に右ネジを回してネジが進む向き．

ファラデーの法則のおさらい その2

- 式 (13.9) の左辺は，誘導起電力に等しいので，
  $$V_\mathrm{e} = \oint_C \vec{E}\cdot \mathrm{d}\vec{l} \tag{13.10}$$
  式 (13.9) の右辺の面積分の部分は磁束 $\Phi(t)$ なので
  $$-\frac{\mathrm{d}}{\mathrm{d}t}\int_S \vec{B}\cdot \vec{n}\,\mathrm{d}S = -\frac{\mathrm{d}\Phi(t)}{\mathrm{d}t} \tag{13.11}$$
  よって，磁束の時間変化の結果生じる誘導起電力は，式 (13.10) と式 (13.11) より
  $$V_\mathrm{e} = -\frac{\mathrm{d}\Phi(t)}{\mathrm{d}t} \tag{13.12}$$

---

[2] ストークスの定理は，アンペールの法則を微分形から積分形に変形するときにも使った．
[3] 時間微分が偏微分から全微分になっているが，面 S 内の位置を移動しながら面積分を行うと，その結果には位置の変数は残らず，時間 t のみが変数として残るからである．

ローレンツ力による電磁誘導のおさらい

- 磁束密度 $\vec{B}$ の中を速度 $\vec{v}$ で導線が移動すると，導線中の電荷 q はローレンツ力

$$\vec{F} = q\,\vec{v} \times \vec{B} \tag{13.13}$$

を受ける．これは，電荷を移動させる力，つまり電流を流そうとする力になるので，

$$\vec{F} = q\,\vec{E} \tag{13.14}$$

という誘導電場 $\vec{E}$ が発生しているともみなせる．従って，

$$\vec{E} = \vec{v} \times \vec{B} \tag{13.15}$$

は，ローレンツ力による誘導電場と考えることができる．

- この誘導電場 $\vec{E} = \vec{v} \times \vec{B}$ は，磁束密度 $\vec{B}$ の時間変化がなくても生じる．

- ローレンツ力による電磁誘導は，導線が移動することによって回路 (コイル) の磁束密度に対する面積が変化し (または，磁束密度のコイル面に垂直な成分が変化し)，(磁束密度 $\vec{B}$ が一定でも) 磁束 Φ が変化することで電磁誘導が起こると考えてもよい．

- 従って，ローレンツ力による誘導起電力 V_e は，式 (13.15) を式 (13.10) に代入した式

$$V_\mathrm{e} = \oint_C \vec{E} \cdot d\vec{l} = \oint_C \left(\vec{v} \times \vec{B} \right) \cdot d\vec{l} \quad \left(\text{普通は} \quad \oint_C \vec{v} \times \vec{B} \cdot d\vec{l} \text{ と書く} \right) \tag{13.16}$$

を使って求めても，式 (13.12) を使って求めてもよい．結果は同じになる．

第13章 電磁誘導 (ファラデーの法則)

1. 磁束密度から磁束を求める

一様な磁束密度を $\vec{B} = (0, 0, B_z)$ とする．原点を中心とする xy 平面上の半径 a の円の内部を面 S_1，その円周を C とする．また，原点を中心とする半径 a の球の上半分 ($z > 0$ の部分) の半球の表面を面 S_2 とする．面 S_1 と S_2 が閉曲線 C でつながった閉曲面を S とする．閉曲面 S 上の外向きの大きさ 1 の法線ベクトルを $\vec{n}$ とする．

(a) 面 S_1 を貫く磁束 Φ_1 を求めなさい．磁束の向きは，$\vec{n}$ を基準にする．

(b) 面 S_2 を貫く磁束 Φ_2 を求めなさい．磁束の向きは，$\vec{n}$ を基準にする．

(c) 面 S を貫く磁束 Φ を求めて，おさらいの式 (13.6) が成り立つことを示しなさい．

(d) $B_z(t) = -At + B_0$ で磁束密度が減少するとき ($A, B_0 > 0$ とする)，C に発生する誘導起電力の大きさ $|V_e|$ を求めなさい．また，その誘導起電力は閉曲線 C のどちら向きに電流を流そうとするかを，閉曲線 C を z 軸の正の方から見て答えなさい．

2. 電磁誘導

直線状の導線が y 軸上に置かれ，電流 I が流れている．電流は y 軸の正の向きに流れているときを正とする．また，長方形 ABCD の形状をしたコイルが，辺 AB が x 軸の正の部分に重なるように xy 平面内に置かれている．長方形 ABCD 内の面を S とする．導線側の辺 AD と導線の距離は c，辺 AB の長さは a，辺 BC の長さは b である．コイルの自己誘導は無視するものとする．

(a) 導線とコイルを xy 平面に図示しなさい．

(b) 導線に流れる電流 I が，xy 平面上の 2 点 $P(x, y, 0)$，$Q(-x, y, 0)$ $(x, y > 0)$ につくる磁束密度 $\vec{B}$ の向きを，$I > 0$ の場合について図示しなさい．点 P はコイル内部の点とする．

(c) 点 P における $\vec{B}$ の z 成分 B_z を求めなさい．

(d) コイルの向きを B → A として，コイル内の (x, y) における微小面積 $dS = dxdy$ を貫く磁束 $d\Phi$ を求めなさい．

(e) コイル内の磁束 Φ を求めなさい．

(f) 導線の電流が $I(t) = I_0 \sin \omega_0 t$ で時間変化する場合，コイルに生じる誘導起電力 $V_e(t)$ を求めなさい．

(g) 誘導起電力 $V_e(t)$ の大きさの最大値を求めなさい．

3. 回転する長方形コイル

> 長辺 a, 短辺 $2b$ の長方形コイルがある．一定で一様な磁束密度 $\vec{B}$ の中で，短辺の中点を結ぶ線を回転軸として，一定の角速度の大きさ ω でコイルを回転させる．時刻 $t=0$ のときのコイル面は $\vec{B}$ と垂直であった．コイルに沿った線素を $\mathrm{d}\vec{l}$ とする．

(a) $t=0$ のコイルと $\vec{B}$ を図示しなさい．

(b) ローレンツ力による電磁誘導と考えて，以下の手順で誘導起電力 V_e を求める．
   i. コイルの長辺の速さを求めなさい．
   ii. 時刻 t に $\vec{B}$ とコイル面の法線ベクトル $\vec{n}$ がなす角を求めなさい．
   iii. 長辺に発生するローレンツ力による誘導電場 $\vec{E}$ の向きと大きさを求めなさい．
   iv. 短辺に発生するローレンツ力による誘導電場 $\vec{E}$ の向きを求めなさい．
   v. 誘導起電力 V_e を求めなさい．

(c) 磁束の変化を考えて，以下の手順で誘導起電力 V_e を求める．
   i. 時刻 t のとき，コイルを貫く磁束 $\Phi(t)$ を求めなさい．
   ii. 誘導起電力 V_e を求めなさい．

第13章 [解答例]

1. 問題の内容を図示すると次のようになる.

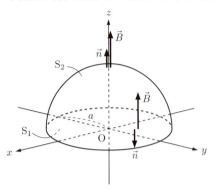

(a) おさらいの式 (13.2) を使う.
$$\Phi_1 = \int_{S_1} \vec{B} \cdot \vec{n}\, dS$$

面 S_1 上の法線ベクトルは図より,
$$\vec{n} = (0, 0, -1)$$

なので
$$\vec{B} \cdot \vec{n} = (0, 0, B_z) \cdot (0, 0, -1)$$
$$= 0 \cdot 0 + 0 \cdot 0 + B_z \cdot (-1) = -B_z$$

または
$$\vec{B} \cdot \vec{n} = \left|\vec{B}\right| |\vec{n}| \cos\pi$$
$$= B_z \cdot 1 \cdot (-1) = -B_z$$

よって,
$$\Phi_1 = \int_{S_1} \vec{B} \cdot \vec{n}\, dS$$
$$= \int_{S_1} (-B_z)\, dS = -B_z \int_{S_1} dS$$
$$= -B_z \times (S_1 \text{の面積})$$
$$= -B_z \times (\text{半径} a \text{の円の面積})$$
$$= -\pi a^2 B_z$$

面 S_1 では磁束密度 $\vec{B}$ は $\vec{n}$ と逆向き, つまり閉曲面 $S (= S_1 + S_2)$ に入っていく向きなので, 磁束 Φ_1 は負となる. このように, 法線ベクトル $\vec{n}$ を外向きにとるということは, 出ていく量を正として扱うことに対応する.

(b) これも, おさらいの式 (13.2) を使う.
$$\Phi_2 = \int_{S_2} \vec{B} \cdot \vec{n}\, dS$$

面 S_2 は球面なので, 3次元極座標 (r, θ, ϕ) を使うことにする. 但し, 半径 a の球面上なので $r = a$ である. 次の図のように, 球面上のある点 P の位置は, θ, ϕ を指定することで決まる.

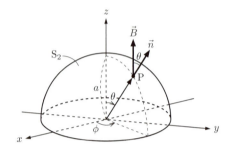

図に示したように, 磁束密度 $\vec{B}$ は常に z 軸に平行だが, 法線ベクトル $\vec{n}$ は θ だけ傾く. さて, まずは積分の中身 $\vec{B} \cdot \vec{n}$ を求めよう. 上の立体的な図を見てもわかるかもしれないが, 次の平面図を見ると $\vec{n}$ が球面上では常に $\vec{B}$ と θ の角をなすことがわかる.

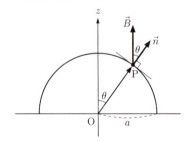

よって,
$$\vec{B} \cdot \vec{n} = \left|\vec{B}\right| |\vec{n}| \cos\theta$$
$$= B_z \cdot 1 \cdot \cos\theta = B_z \cos\theta$$

次に, 微小面積 dS について考える. θ, ϕ が $d\theta, d\phi$ だけ微小変化したときにできる微小面積 dS の面積は
$$dS = a^2 \sin\theta\, d\theta\, d\phi$$

となる. これを理解している場合は, しばら

く読み飛ばしてもよい．3次元極座標での微小体積 dV から dr を除けば，今回の dS が求まる．次の図で，θ が微小角 $d\theta$ だけ変化すると，点Pの軌跡は半径 a，中心角 $d\theta$ の扇型の弧となる．その長さは

(弧の長さ) = (半径) × (中心角)

なので，$a\,d\theta$ となる．これが微小面積 dS の一辺となる．

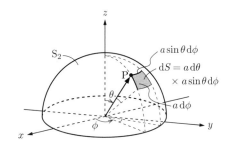

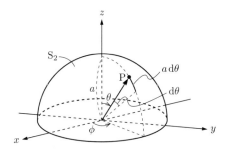

次に，ϕ が微小角 $d\phi$ だけ変化したときの点Pの軌跡は次の図のようになる．

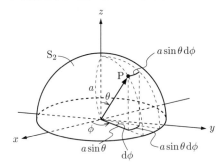

点Pの軌跡は xy 平面に投影したもので考えるとわかりやすい．xy 平面上には，半径 $a\sin\theta$，中心角 $d\phi$ の扇型ができ，その弧が点Pの軌跡 (の投影) となる．その長さは $a\sin\theta\,d\phi$ となる．これが微小面積 dS のもう一辺となる．

結局，微小面積 dS は次の図のようになり，先の dS の式が得られる．

以上で得られた $\vec{B}\cdot\vec{n}$ と dS を，磁束を求める式の右辺に代入すればよい．

$$\Phi_2 = \int_{S_2} \vec{B}\cdot\vec{n}\,dS$$

$$= \int_{S_2} B_z \cos\theta\,dS = B_z \int_{S_2} \cos\theta\,dS$$

($\vec{B}\cdot\vec{n}$ を代入した)

$$= B_z \int_{S_2} \cos\theta\,a^2 \sin\theta\,d\theta\,d\phi$$

(dS を代入した)

$$= a^2 B_z \iint \sin\theta \cos\theta\,d\theta\,d\phi$$

(積分変数が2つなので $\int$ も2つ)

$$= a^2 B_z \int_0^{2\pi} d\phi \int_0^{\frac{\pi}{2}} \sin\theta \cos\theta\,d\theta$$

(変数を分離した)

$$= a^2 B_z \Big[\phi\Big]_0^{2\pi} \int_0^{\frac{\pi}{2}} \sin\theta \cos\theta\,d\theta$$

(変数ごとに積分すればよい)

$$= 2\pi a^2 B_z \int_0^{\frac{\pi}{2}} \sin\theta \cos\theta\,d\theta$$

θ の積分はいくつかやり方がある．例えば，$X = \sin\theta$ と置換して，$dX = \cos\theta\,d\theta$ より，

$$\int_0^{\frac{\pi}{2}} \sin\theta \cos\theta\,d\theta = \int_0^1 X\,dX$$

$$= \left[\frac{1}{2}X^2\right]_0^1 = \frac{1}{2}$$

その他に，倍角の公式より $\sin\theta \cos\theta = \dfrac{1}{2}\sin 2\theta$

とする方法もある．結局，

$$\Phi_2 = 2\pi a^2 B_z \int_0^{\pi/2} \sin\theta \cos\theta \, d\theta$$
$$= 2\pi a^2 B_z \frac{1}{2} = \underline{\pi a^2 B_z}$$

となる．出ていく磁束なので $\Phi_2 > 0$ である．ここで使った図を1つにまとめておくと，(見づらいが) 次のようになる．

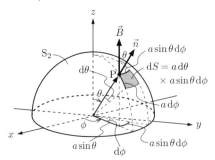

(c) おさらいの式 (13.6) に (a),(b) の結果を代入すると

$$\Phi = \int_S \vec{B} \cdot \vec{n} \, dS$$
$$= \int_{S_1} \vec{B} \cdot \vec{n} \, dS + \int_{S_2} \vec{B} \cdot \vec{n} \, dS$$
$$= \Phi_1 + \Phi_2$$
$$= -\pi a^2 B_z + \pi a^2 B_z = 0$$

面 S_1 から入ってきた磁束 Φ_1 は，面 S_2 から磁束 Φ_2 として出ていき，閉曲面 S を貫く全磁束 Φ はゼロとなる．

(d) まず，閉曲線 C の向きを決める．どちら向きでもよい．自分で決める．ここは z 軸の正の方から見て左回り (反時計回り) としよう (えっ？ 反対にした!? もちろん，逆でも同じ結論になるので，余力があれば確かめてみよう)．閉曲線 C が左回りのとき，それに対応する法線ベクトルの向きは，z 軸の正の向きとなる．

さて，閉曲線 C で囲まれた面としては，面 S_1 と面 S_2 のどちらを考えてもよい．面 S_2 について (b) で求めた磁束 Φ_2 は，法線ベクトルが z 軸の正の向きだったので，閉曲線 C の向きに対応している．従って，Φ_2 はそのまま使える．つまり，閉曲線 C を貫く磁束を Φ_C とすると

$$\Phi_C = \Phi_2 = \pi a^2 B_z$$

このまま解答を続けることもできるが… 面 S_1 について (a) で求めた磁束 Φ_1 についても考えておこう．このときの法線ベクトル $\vec{n}$ は z 軸の負の向きだったので，注意が必要である．面 S_1 上の法線ベクトルとして，逆向きの $\vec{n}'(=-\vec{n})$ を使えば，閉曲線 C の向きに合い，それを使って求めた磁束が Φ_C となる．つまり，

$$\Phi_C = \int_{S_1} \vec{B} \cdot (\vec{n}') \, dS$$
$$= \int_{S_1} \vec{B} \cdot (-\vec{n}) \, dS$$
$$= -\int_{S_1} \vec{B} \cdot \vec{n} \, dS$$
$$= -\Phi_1 = \pi a^2 B_z$$

となる．これは Φ_2 と等しい．結局，閉曲線 C で囲まれた面を貫く磁束は，C の向きに対応する法線ベクトルで考えれば，どの面についても等しくなる．従って，「面を貫く磁束」というよりも「閉曲線を貫く磁束」と表現することが多い．

少し横道にそれたが，Φ_C の $B_z(t)$ に与えられた式を代入すると

$$\Phi_C(t) = \pi a^2 B_z(t)$$
$$= \pi a^2 (-At + B_0)$$

これをおさらいの式 (13.12) に代入すると

$$V_e = -\frac{d\Phi_C(t)}{dt}$$
$$= -\pi a^2 \frac{d}{dt}(-At + B_0)$$
$$= \underline{\pi a^2 A}$$

$V_{\mathrm{e}} > 0$ なので, 誘導起電力 V_{e} は C の向き, つまり z 軸の正の方から見て左回り (反時計回り) に電流を流そうとする (ちなみに, もし $V_{\mathrm{e}} < 0$ なら右回り).

2. (a) 次の図のようになる. z 軸も描いてある.

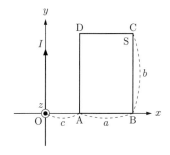

(b) 直線電流の周りには, 電流を中心とする円周の接線方向に磁束密度 $\vec{B}$ ができる. $\vec{B}$ の向きに右ねじを回してねじが進む向きが電流の向きなので, 次の図のようになる (ビオ・サバールの法則で $\vec{B}$ の向きを考えてもよい).

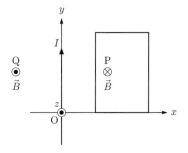

(c) 積分形のアンペールの法則を使うために, 次の図のような, 電流を中心とする半径 x の円周 C', その上の線素ベクトル $d\vec{l}$, 内部の面 S' を用意する.

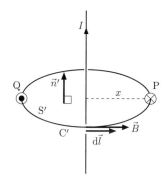

線素ベクトル $d\vec{l}$ の向きは, 円周 C' の向きを表す. また, 面 S' 上の法線ベクトル $\vec{n}'$ の向きは, C' の向きに右ねじを回してねじが進む向き, この図の場合は z 軸の正の向きになる. 円周 C' 上では磁束密度の大きさが等しいので, それを B とおく. また, 磁束密度 $\vec{B}$ は円周の接線方向を向き, $d\vec{l}$ と平行なので

$$\vec{B} \cdot d\vec{l} = B\, dl \cos 0 = B\, dl$$

となる. これでアンペールの法則を使うための下ごしらえができた.

積分形のアンペールの法則より

$$\oint_{C'} \vec{B} \cdot d\vec{l} = \oint_{C'} B\, dl = B \oint_{C'} dl = 2\pi x B$$

と

$$\mu_0 \int_{S'} \vec{i} \cdot \vec{n}'\, dS = \mu_0 \times (C' \text{内の電流}) = \mu_0 I$$

が等しくなるので,

$$2\pi x B = \mu_0 I$$
$$B = \frac{\mu_0 I}{2\pi x}$$

となる. もう少しで答にたどり着く⋯.

点 P において $\vec{B}$ は xy 平面に垂直で, z 軸の負の向きなので, $\vec{B}$ はその大きさ B を使って

$$\vec{B} = (0, 0, B_z) = (0, 0, -B)$$

と表せる. よって,

$$B_z = -B = -\frac{\mu_0 I}{2\pi x}$$

(d) まず，位置 (x,y) における微小面積 $\mathrm{d}S$ を図示すると次のようになる．

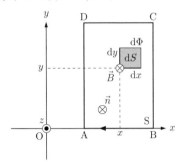

コイルの内部の面 S の法線ベクトル $\vec{n}$ は，コイルの向きに右ねじを回してねじが進む向きなので，z 軸の負の向きとなる．つまり $\vec{n}=(0,0,-1)$．

微小面積 $\mathrm{d}S$ を貫く磁束 Φ は，おさらいの式 (13.1) より，

$$\mathrm{d}\Phi = \vec{B}\cdot\vec{n}\,\mathrm{d}S$$
$$= (0,0,B_z)\cdot(0,0,-1)\,\mathrm{d}S$$

（または $=|B_z|\cdot 1\cdot\cos 0\,\mathrm{d}S$ ）

$$= -B_z\,\mathrm{d}S$$
$$= \frac{\mu_0 I}{2\pi x}\,\mathrm{d}x\,\mathrm{d}y$$

$B_z<0$ なので $|B_z|=-B_z$ に注意．

(e) おさらいの式 (13.2) のように，コイル内の面 S 全てにわたって，(d) で得られた $\mathrm{d}\Phi$ を足し合わせればよい (積分すればよい)．積分変数は x,y である．そのときの積分範囲は? 図をみると

$$x:c\to c+a$$
$$y:0\to b$$

とすれば，コイル内の面 S 全てを覆うことがわかる．よって

$$\Phi = \int_S \mathrm{d}\Phi$$

$$= \iint \frac{\mu_0 I}{2\pi x}\,\mathrm{d}x\,\mathrm{d}y$$

（積分変数が 2 つなので $\int$ も 2 つ）

$$= \frac{\mu_0 I}{2\pi}\int_c^{c+a}\frac{\mathrm{d}x}{x}\int_0^b \mathrm{d}y$$

（変数を分離した）

$$= \frac{\mu_0 I}{2\pi}\Big[\log x\Big]_c^{c+a}\Big[y\Big]_0^b$$

（別々に積分して，掛ければよい）

$$= \frac{\mu_0 I}{2\pi}(\log(c+a)-\log c)\,b$$
$$= \frac{\mu_0 I\,b}{2\pi}\log\left(\frac{c+a}{c}\right)$$
$$= \frac{\mu_0 I\,b}{2\pi}\log\left(1+\frac{a}{c}\right)$$

最後の 3 式は，どれを解答としてもよい．

(f) おさらいの式 (13.6) に，(e) の結果を $I=I(t)$ であることを意識して代入すると

$$V_e(t) = -\frac{\mathrm{d}\,\Phi(t)}{\mathrm{d}t}$$
$$= -\frac{\mathrm{d}}{\mathrm{d}t}\left\{\frac{\mu_0 I(t)\,b}{2\pi}\log\left(1+\frac{a}{c}\right)\right\}$$
$$= -\frac{\mu_0\,b}{2\pi}\log\left(1+\frac{a}{c}\right)\frac{\mathrm{d}\,I(t)}{\mathrm{d}t}$$
$$= -\frac{\mu_0\,b}{2\pi}\log\left(1+\frac{a}{c}\right)\frac{\mathrm{d}}{\mathrm{d}t}(I_0\sin\omega_0 t)$$
$$= -\frac{\mu_0\,b}{2\pi}\log\left(1+\frac{a}{c}\right)I_0\omega_0\cos\omega_0 t$$
$$= -\frac{\mu_0 I_0\omega_0\,b}{2\pi}\log\left(1+\frac{a}{c}\right)\cos\omega_0 t$$

(g) $|V_e(t)|$ が最大値をとるのは，(f) の結果より $|\cos\omega_0 t|$ が最大値の 1 になるときなので，

$$\omega_0 t = 0,\pi,\cdots$$

のときである．よって $|V_e(t)|$ の最大値は

$$|V_e(0)| = \left|V_e\left(\frac{\pi}{\omega_0}\right)\right|$$
$$= \frac{\mu_0 I_0\omega_0\,b}{2\pi}\log\left(1+\frac{a}{c}\right)$$

余力があれば，$I(t)$ と $V_e(t)$ のグラフを描いてみるとよい．

3. (a) 例えば，次のような図となる．点線 PQ が回転軸である．コイルを長方形 ABCD とした．コイルの向きについては特に指定がないので，勝手に決めて図示した．

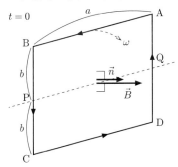

このコイルの向きに対応するコイル面の法線ベクトルも描き込んである．逆に言うと，$t=0$ での法線ベクトル $\vec{n}$ と磁束密度 $\vec{B}$ の向きが同じになるようにコイルの向きを(勝手に)決めたとも言える．円弧(破線)でコイルの回転の向きを示した (これも勝手に決めた)．

(b)

i. コイルを横から (短辺 BC 側から) 見ると，次の図のようになる．長辺 AB(または長辺 CD)は，角速度の大きさ ω で半径 b の円運動をしていることになる．従って，その速さ v は半径と角速度の大きさの積で求まる (円運動，覚えてますか?)．

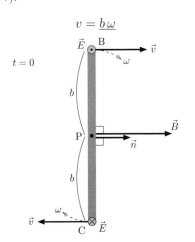

$$v = \underline{b\omega}$$

ii. 時刻 $t(>0)$ でのコイルの回転角を θ とする．このとき，コイルを横から見ると次の図のようになっている．

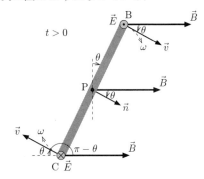

コイル面に垂直な法線ベクトル $\vec{n}$ は，$t=0$ では $\vec{B}$ と同じ向きであったが，コイル面が θ だけ回転すると，$\vec{n}$ もそれと同じだけ回転する．つまり，$\vec{n}$ は $\vec{B}$ の向きから θ だけ回転するので，$\vec{B}$ と $\vec{n}$ のなす角も θ である．さらに，角速度 (単位時間あたりの回転角) の大きさ ω を使うと

$$\theta = \underline{\omega t}$$

となる．これが $\vec{B}$ と $\vec{n}$ のなす角である．

iii. 速度 $\vec{v}$ で回転 (移動) する長辺において発生する誘導電場 $\vec{E}$ は，おさらいの式 (13.15) より

$$\vec{E} = \vec{v} \times \vec{B}$$

である．従って $\vec{E}$ は，辺 AB では $\overrightarrow{\mathrm{AB}}$ の向き，辺 CD では $\overrightarrow{\mathrm{CD}}$ の向きになる．この $\vec{E}$ の向きは，(b) ii.で示した図にも示してある．これは，(a) で (勝手に) 決めたコイルの向きと同じである．従って，コイル長辺での誘導電場 $\vec{E}$ は，コイルの向きに発生することがわかる．

次に，$\vec{E}$ の大きさを求める．図に示したように長辺の速度 $\vec{v}$ は，辺 AB の場合は $\vec{n}$ と同じ向き，辺 CD の場合は $\vec{n}$ と逆向

きなので, $\vec{v}$ と $\vec{B}$ のなす角は, 辺 AB では θ, 辺 CD では $\pi - \theta$ となる. これらより, 辺 AB では

$$\left|\vec{E}\right| = |\vec{v}|\left|\vec{B}\right|\sin\theta = vB\sin\theta$$

となるが, 辺 CD でも

$$\left|\vec{E}\right| = |\vec{v}|\left|\vec{B}\right|\sin(\pi - \theta)$$
$$= vB\sin(\pi - \theta) = vB\sin\theta$$

となって同じ形になる ($\vec{B}$ の大きさを B とした). これに (b) i.と (b) ii.の結果を代入すると

$$\left|\vec{E}\right| = \underline{b\omega B\sin\omega t}$$

となる.

iv. コイルの短辺 BC 上のある点の速度を $\vec{v}$ とすると, その点で発生する誘導電場は

$$\vec{E} = \vec{v} \times \vec{B}$$

である. これより, $\underline{\vec{E}\text{ は, 辺 BC に垂直になり, コイル面と平行で, 点 P より上ではコイルの外側に, 点 P より下では内側に向く}}$ (図にもその向きを示した). $\underline{\text{短辺 DA でも同様である}}$. いずれも, 短辺上の誘導電場はコイルに垂直になる.

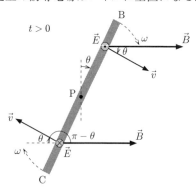

v. 誘導起電力 V_e は, おさらいの式 (13.16)

$$V_\mathrm{e} = \oint_{C'} \vec{E} \cdot d\vec{l}$$
$$\left(= \oint_{C'} \left(\vec{v} \times \vec{B}\right) \cdot d\vec{l}\right)$$

で求めればよい. ここで, 経路 C' はコイルの一周, つまり長方形 ABCD の一周である. また, $d\vec{l}$ (大きさを dl とする) は, コイルに沿った線素ベクトルである. その向きはコイルの向きと同じである.

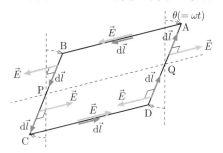

まず, 長辺である辺 AB と辺 CD での誘導電場 $\vec{E}$ は, (b) iii.で考えたようにコイルの向きに発生する. そのため, $\vec{E}$ と $d\vec{l}$ のなす角は 0 である. 従って

$$\vec{E} \cdot d\vec{l} = \left|\vec{E}\right|\left|d\vec{l}\right|\cos 0 = \left|\vec{E}\right|dl$$

となり, (b) iii.の結果を代入すると

$$\vec{E} \cdot d\vec{l} = (b\omega B\sin\omega t)\,dl$$

である. 次に, 短辺である辺 BC と辺 DA での誘導電場 $\vec{E}$ は, (b) iv.で考えたようにコイルと垂直である. そのため, $\vec{E}$ と $d\vec{l}$ のなす角は $\pi/2$ である. 従って

$$\vec{E} \cdot d\vec{l} = \left|\vec{E}\right|\left|d\vec{l}\right|\cos\frac{\pi}{2} = 0$$

となる. これらをおさらいの式 (13.16) に代入すると

$$V_\mathrm{e} = \oint_{C'} \vec{E} \cdot d\vec{l}$$
$$\left(= \oint_{C'} \left(\vec{v} \times \vec{B}\right) \cdot d\vec{l}\right)$$
$$= \int_{A \to B} \vec{E} \cdot d\vec{l} + \int_{B \to C} \vec{E} \cdot d\vec{l}$$
$$+ \int_{C \to D} \vec{E} \cdot d\vec{l} + \int_{D \to A} \vec{E} \cdot d\vec{l}$$

$$
\begin{aligned}
&= \int_{A\to B}(b\omega B\sin\omega t)\,\mathrm{d}l + \int_{B\to C}0 \\
&\quad + \int_{C\to D}(b\omega B\sin\omega t)\,\mathrm{d}l + \int_{D\to A}0 \\
&= b\omega B\sin\omega t\int_{A\to B}\mathrm{d}l \\
&\quad + b\omega B\sin\omega t\int_{C\to D}\mathrm{d}l \\
&= b\omega B\sin\omega t\,(\overline{AB}+\overline{CD}) \\
&= \underline{2ab\omega B\sin\omega t}
\end{aligned}
$$

となる．起電力 V_e は，コイルの回転に同期して時間変化する正弦関数である．

(c)

i. おさらいの式 (13.2) で磁束を求める．
$$\Phi(t)=\int_S \vec{B}\cdot\vec{n}\,\mathrm{d}S$$
面 S は長方形 ABCD である．磁束密度 $\vec{B}$ は一様で一定なので，$\vec{x}$(場所) にも，t(時間) にも依らないため，定ベクトルとして扱えばよい．

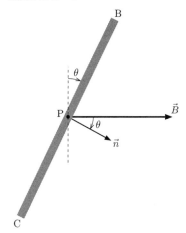

コイルが θ だけ回転したとき，面 S の法線ベクトル $\vec{n}$ と $\vec{B}$ のなす角も θ なので，
$$\vec{B}\cdot\vec{n}=B\cdot 1\cdot\cos\theta=B\cos\omega t$$

である．これより，
$$
\begin{aligned}
\Phi(t)&=\int_S \vec{B}\cdot\vec{n}\,\mathrm{d}S=\int_S B\cos\omega t\,\mathrm{d}S \\
&= B\cos\omega t\int_S \mathrm{d}S \\
&= B\cos\omega t\times(\text{長方形 ABCD の面積}) \\
&= \underline{2abB\cos\omega t}
\end{aligned}
$$

このように，磁束密度 $\vec{B}$ が時間変化しなくても，磁束密度のコイル面に垂直な成分 $B\cos\omega t$ が，コイルの回転によって時間変化するので，磁束 Φ は時間 t の関数になる．

ii. おさらいの式 (13.12) に，(c) i. の結果を代入すると，
$$
\begin{aligned}
V_e &= -\frac{\mathrm{d}}{\mathrm{d}t}\Phi(t) \\
&= -\frac{\mathrm{d}}{\mathrm{d}t}2abB\cos\omega t \\
&= \underline{2abB\omega\sin\omega t}
\end{aligned}
$$

となる．これは，当然ながら (b) v. の結果と同じである．このように，回転するコイルによる起電力は交流である．その起電力の振幅は，コイルの面積 $S=2ab$，磁束密度の強さ B，回転の角振動数 ω のそれぞれに比例する．大きな起電力を得るには，これら 3 つの量 (のどれか) を大きくすればよい．但し，回転の角振動数を変えると交流の周波数も変化する．

第 13 章 おしまい… お疲れ様でした．

第14章

自己誘導

この章中の記号や条件等の説明

- $\vec{A}, \vec{a}, \vec{x}, \boldsymbol{A}, \boldsymbol{a}, \boldsymbol{x}$ ベクトルは矢印や太字 (黒板では二重線) で表されるが，本書では矢印表記を用いる．
- $Q, Q(t)$ 電荷．
- $I, I(t)$ 電流．
- $\Phi, \Phi(t)$ 磁束．
- $V_e, V_e(t)$ コイルの (電流 I の向きへの) 誘導起電力．
- $V_L, V_L(t)$ コイルの (電流 I の向きへの) 電圧降下．$(V_L = -V_0)$
- L コイルの (自己) インダクタンス．

自己誘導のおさらい

- コイルに電流 I を流すと，コイルを貫く磁束 Φ が電流に比例して発生する．コイルの形状等で決まる比例係数を L とすると，

$$\Phi(t) = L\, I(t) \tag{14.1}$$

- L を**自己インダクタンス**または単に**インダクタンス**という．MKSA 単位系での L の単位は [H] で，ヘンリーと読む．

- この磁束 Φ はコイル自身が発生したものであるが，それが変化すると電磁誘導が起き，コイルに誘導起電力 V_e が発生する．この現象を**自己誘導**という．

- コイルが N 巻きの場合，磁束 Φ が貫く 1 巻きコイルが N 個あると考えることができる．その N 個のコイルが直列につながった全体の誘導起電力は，コイル 1 個の場合の N 倍になる．これは，磁束 Φ が N 倍になるのと同じ効果なので，$\Phi_N = N\Phi$ とすれば，N 巻きコイルのインダクタンス L_N は

$$\Phi_N(t) = L_N\, I(t) \tag{14.2}$$

式 (14.1) と式 (14.2) を比べると，N 巻きのインダクタンスは $L_N = NL$ で，N 倍である．

- コイルの電流の向きに誘導起電力 V_e が発生するとして，式 (14.1) をファラデーの電磁誘導の式へ代入すると，

$$V_e = -\frac{\mathrm{d}\,\Phi(t)}{\mathrm{d}t} = -L\frac{\mathrm{d}\,I(t)}{\mathrm{d}t} \tag{14.3}$$

N 巻きコイルの場合は

$$V_e = -\frac{\mathrm{d}\,\Phi_N(t)}{\mathrm{d}t} = -L_N\frac{\mathrm{d}\,I(t)}{\mathrm{d}t} \tag{14.4}$$

$$\left(= -N\frac{\mathrm{d}\,\Phi(t)}{\mathrm{d}t} = -NL\frac{\mathrm{d}\,I(t)}{\mathrm{d}t} \right)$$

- コイルを回路素子ととらえ，電流の向きへの電圧降下を V_L とすると，

$$V_L = -V_e = L\frac{\mathrm{d}\,I(t)}{\mathrm{d}t} \tag{14.5}$$

- 電流 I が流れているコイルに蓄えられているエネルギー U は，

$$U = \frac{1}{2}LI^2 \tag{14.6}$$

である．

第14章 自己誘導

1. 自己誘導

> 自己インダクタンス L のコイルがある．このコイルに電流 I を流す．

(a) 自己誘導によってコイルに生じる起電力 V_e を表す式を L, I を使って書きなさい．

(b) I が定常電流のとき，V_e を求めない．

(c) I が1秒の間に一定の割合で2 A から1 A まで減少した．このとき $V_e = 2$ V の起電力が発生した．L を求めなさい．

2. コイルに蓄えられるエネルギー

> 時刻 t に自己インダクタンス L のコイルに流れている電流を $I(t)$ とする．電流は，$t = 0$ に 0 から増加し始め ($I(0) = 0$)，$t = t_1$ に $I_1 (> 0)$ になったとする ($I(t_1) = I_1$)．

(a) 微小時間 dt の間にコイルのある断面を通過する電荷 dq を求めなさい．

(b) その電荷 dq をコイルの自己誘導による起電力に逆らって移動させるのに必要な仕事 dW を求めなさい．

(c) $t = 0 \sim t_1$ の間に流れた電荷 (電流) がされた仕事 W を求めなさい．

3. ソレノイドコイルのインダクタンス

> 長さが l，断面積が S，単位長さあたりの巻き数が n のソレノイドコイルのインダクタンス L を求める．

(a) 電流 I が流れるコイルを貫く磁束 Φ を求めなさい．但し，コイル内の磁束密度の大きさは $B = \mu_0 n I$ である．

(b) ソレノイドコイルの自己誘導を考える場合，磁束 Φ による1巻き分の起電力が，ソレノイドコイルの巻き数分だけ積算されることになるので，実効的な磁束 Φ_{eff} はコイルの巻き数を磁束 Φ にかけたものと考えればよい．Φ_{eff} を求めなさい．

(c) インダクタンス L を求めなさい．

4. 回路中のコイル：LC 共振回路

> 自己インダクタンス L のコイルと電気容量 C のコンデンサを接続して閉回路を作る．時刻 $t = 0$ の瞬間に，電流はまだ流れておらず，コンデンサに蓄えられている電荷は Q_0 であった．時刻 t における回路の電流を $I(t)$ とする．$t = 0$ に正電荷が蓄えられていた側のコンデンサの電極の電荷を $Q(t)$，そこから流れ出す電流を $I(t)$ の正の向きとする．

(a) コイルの両端の電圧 V_L を書きなさい．電流の向きへの電圧降下として符号を付けなさい．

(b) コンデンサの両端の電圧 V_C を書きなさい．電流の向きへの電圧降下として符号を付けなさい．

(c) 回路の方程式を求めなさい．

(d) コンデンサから流れ出す電流 $I(t)$ を，コンデンサの電荷を使って書きなさい．

(e) 回路の方程式から電流 $I(t)$ を消去して，電荷 $Q(t)$ の解を求めなさい．但し，未定定数はまだ求めなくてよい．

(f) 電流 $I(t)$ を求めなさい．未定定数も求めること．

(g) はじめにコンデンサに蓄えられていた静電エネルギー U_0 は，電流が流れることで減少し，その分がコイルに蓄えられる．コンデンサの電荷がゼロのときの電流の大きさを I_1 として，U_0 を L, I_1 で表しなさい．

(h) コンデンサに蓄えられている静電エネルギーとコイルに蓄えられているエネルギーの和 $U(t)$ が一定であることを示しなさい．

第 14 章 [解答例]

1. (a) おさらいの式 (14.3) より,
$$V_e = -L\frac{dI(t)}{dt}$$
(b) 定常電流とは時間変化しない電流なので, $I(t) = \text{const.}$ とおける. これを時間微分すると 0 となる.
$$V_e = -L\frac{dI(t)}{dt} = \underline{0}$$
(c) 変化量 ΔX は

$\Delta X = $ (変化後の値) $-$ (変化前の値)

であることに注意して, 電流の変化は
$$dI\,(=\Delta I) = 1\,\text{A} - 2\,\text{A} = -1\,\text{A}$$
次に, 時間変化は
$$dt\,(=\Delta t) = 1\,\text{s}$$
これらより
$$\frac{dI}{dt}\left(=\frac{\Delta I}{\Delta t}\right) = -1\,\text{A/s}$$
おさらいの式 (14.3) を式変形して,
$$L = -\frac{V_e}{\frac{dI}{dt}}$$
$$= -\frac{2\,\text{V}}{-1\,\text{A/s}}$$
$$= \underline{2\,\text{H}}$$
インダクタンス L の単位は [V·s / A] でもよいが, MKSA 単位系に従って計算した場合は, L の単位は [H] となることを覚えておこう.

2. (a) おさらいの式 (8.6) より,
$$dq = I(t)\,dt$$
(b) まず, 自己誘導によるコイルの起電力 V_e はおさらいの式 (14.3) より,
$$V_e = -L\frac{dI(t)}{dt}$$
である. 今, 電流が増加するので起電力 V_e は負である. そのため, 流れている電荷には電流とは逆向きの力が作用する. 従って, それに対抗する外力を電荷に加えなければならない. 実際には, 電池などの外部の起電力による電位差で電場が生じて電荷に外力が作用することになる. これは, 外部の起電力のうち $-V_e(>0)$ に対応する分の電位差で電荷 dq に仕事 dW をすることを意味する. 従って,
$$dW = -V_e\,dq = L\frac{dI(t)}{dt}dq$$
である. これに (a) の結果を代入すると,
$$dW = L\frac{dI(t)}{dt}I(t)\,dt$$
(c) 微小時間 dt の間に電荷 dq がされる仕事 dW を $t = 0 \sim t_1$ で足し上げればよい.
$$W = \int_{t=0}^{t=t_1} dW$$
微小量の足し算なので積分である. これに (b) の結果を代入すると,
$$W = \int_0^{t_1} LI\frac{dI}{dt}\,dt = \int_0^{t_1} F(I)\frac{dI}{dt}\,dt$$
である. 但し, $F(I) = LI$ と置き直した. 置き直す必要はないが, このように書くと, 最後の式が I による次の積分
$$\int_0^{I_1} F(I)\,dI$$
について, I から t への次の変数変換

$$dI = \frac{dI}{dt}dt \quad \begin{array}{c|ccc} I & 0 & \to & I_1 \\ \hline t & 0 & \to & t_1 \end{array}$$

を行った置換積分の結果になっていることがわかる $\cdots$ だろうか? 以上より,
$$W = \int_0^{I_1} F(I)\,dI$$
である. ここで, $F(I) = LI$ に戻すと,
$$W = L\int_0^{I_1} I\,dI = L\left[\frac{1}{2}I^2\right]_0^{I_1} = \underline{\frac{1}{2}LI_1^2}$$
さて, これはコイルに電流 I_1 を流すために外部の起電力がした仕事である. コイルの自己誘導に逆らって電流 I_1 が流れる状態まで

持っていくには，これだけの仕事が必要なのである．この仕事に等しいエネルギーはどこにいったのであろうか？ コイルに電流を流すということは，自己誘導に逆らいながらコイルに磁場を発生させることである．そして，そのときにした仕事は磁場のエネルギー U としてコイルに蓄えられたのである．つまり $U = W$ である．従って，

$$U = \frac{1}{2}LI_1{}^2$$

となり，おさらいの式 (14.6) が得られる．

3. (a) コイル内の磁束密度 $\vec{B}$ は，コイル面に垂直なので，コイル面に垂直な法線ベクトル $\vec{n}$ と平行である．さらに，$\vec{B}$ は一様なので，おさらいの式 (14.1) より，

$$\Phi = \int_S \vec{B} \cdot \vec{n} \, dS$$
$$= \int_S B \cdot 1 \cdot \cos 0 \, dS$$
$$= B \int_S dS = BS = \underline{\mu_0 n I S}$$

(b) コイルの巻き数 N は，単位長さあたり n 巻きで，コイルの長さが l なので，$N = nl$ である．従って

$$\Phi_{\text{eff}} = N\Phi = nl\,\Phi$$

となる．これに (a) の結果を代入すると，

$$\Phi_{\text{eff}} = nl\,\mu_0 n I S = \underline{\mu_0 n^2 I S l}$$

ところで，N 巻きのコイルについては，問題文のように起電力が N 倍 (巻き数倍) されると考えてもよいし，おさらいの式 (13.3) のようにコイルの面積が N 倍 (巻き数倍) されると考えてもよい．

(c) おさらいの式 (14.1) を用いる．但し，磁束 Φ がコイルを N 回貫くことで，起電力が N 倍になるので，Φ を N 倍した (b) の Φ_{eff} を磁束として用いる．

(b) の結果をわかりやすいように並べ替えると

$$\Phi_{\text{eff}} = \underline{\mu_0 n^2 S l}\, I \,(= LI)$$

となり，下線部がインダクタンスに相当する．従って，

$$L = \underline{\mu_0 n^2 S l}$$

である．このようにソレノイドコイルのインダクタンスは (単位長さあたりの) 巻き数の自乗に比例する．

4. 例えば，下図のような回路でコンデンサを充電し，$t = 0$ でスイッチを切り替えて，コンデンサとコイルをつなげる場合を考えればよい．

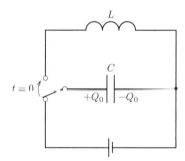

$t = 0$ 以降のコンデンサの電荷 $Q(t)$ と電流 $I(t)$ の向きは，下図のようになる．

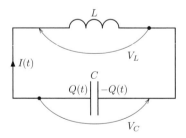

(a) おさらいの式 (14.5) より，

$$V_L = L\,\frac{dI(t)}{dt}$$

である．V_L は時間の関数なので，$V_L(t)$ と書いてもよい．

(b) 電気容量 C のコンデンサに電圧 V がかかっているときの電荷 Q は，第 6 章のおさら

いの式 (1) より,
$$Q = CV$$
なので,
$$V = \frac{Q}{C}$$
となる．ここで，図を見て考えると，電流は $-Q$ の電極から $+Q$ の電極へ向いている．従って，コンデンサでは電流の向きに電位が上昇する．つまり，電圧降下 V_C は負 (電圧上昇) である．以上より，
$$V_C = -\frac{Q(t)}{C}$$
となる．要するに $+Q$ の電極から見た $-Q$ の電極の電圧は負なのである．V_C は時間の関数なので，$V_C(t)$ と書いてもよい．

(c) キルヒホフの第2法則を使って，回路の方程式を求める．まず，電流 I の向きに回路を一周して，回路素子であるコイルとコンデンサでの電圧降下を足すと，
$$V_L + V_C$$
となる．さらにもう一周しながら，回路の起電力を足すと，
$$0$$
である．えっ!? コイルの起電力があるではないか… 確かにコイルには自己誘導による起電力が発生する．しかし，それは回路素子の電圧降下と考えて，一周目で既に取り込んでいる．二重に取り込んではいけない．
キルヒホフの第2法則より1周目の電圧降下の合計と2周目の起電力の合計は等しいので，回路の方程式は，
$$V_L + V_C = 0$$
となる．これに (a),(b) の結果を代入すると，
$$L\frac{dI(t)}{dt} - \frac{Q(t)}{C} = 0$$
となり，回路の方程式が得られる．

ちなみに，コイルの電位差を起電力ととらえ，それを V_e と書くと，V_e は電流の増減を打ち消す向きに発生するので，
$$V_e = -L\frac{dI(t)}{dt}$$
となる．これが2周目の起電力の合計に対応する．1周目の回路素子の電圧降下はコンデンサの
$$V_C = -\frac{Q(t)}{C}$$
だけとなる．キルヒホフの第2法則より，
$$V_C = V_e$$
$$-\frac{Q(t)}{C} = -L\frac{dI(t)}{dt}$$
$$L\frac{dI(t)}{dt} - \frac{Q(t)}{C} = 0$$
となって，同じ結果が得られる．

(d) コンデンサから回路に流れ出す電荷が回路を流れる電流となる．従って，
$$I(t) = \frac{dQ(t)}{dt}$$
の関係がある．これで正しいか？ まだ，考えなければならないことがある．それは符号だ．電流の向きとコンデンサの電荷の対応を考えなければならない．今の場合，コンデンサから電流 $I(t)$ が流れ出すと，コンデンサの電荷 $Q(t)$ が減少する．従って，
$$I(t) = -\frac{dQ(t)}{dt}$$
である．

(e) (d) の結果を (c) の結果に代入すると，
$$L\frac{d}{dt}\left(-\frac{dQ(t)}{dt}\right) - \frac{Q(t)}{C} = 0$$
$$-L\frac{d^2Q(t)}{dt^2} - \frac{Q(t)}{C} = 0$$
となる．少し式変形をすると，
$$\frac{d^2Q(t)}{dt^2} = -\frac{1}{LC}Q(t)$$
$$\ddot{Q}(t) = -\frac{1}{LC}Q(t)$$

ここで，
$$\frac{1}{LC} = \omega_0{}^2$$
とおくと（このまま最後まで ω_0 を使う），
$$\ddot{Q}(t) = -\omega_0{}^2 Q(t)$$
となる．これは!? どこかで見たことはないか？ 2階微分すると自分自身に戻る関数 $Q(t)$ は… 思い出しましたか？ これは単振動の式と同じ形です．さて，その一般解は何だったか？ いくつか表現方法があるが，その中の1つを示しておくと，
$$Q(t) = A\cos(\omega_0 t + \alpha)$$
である．A, α は未定定数であり，初期条件等が与えられれば決まる．これは (f) で求める．

(f) (e) の結果を (d) の結果に代入すると，
$$\begin{aligned}I(t) &= -\frac{\mathrm{d}Q(t)}{\mathrm{d}t} \\ &= -\frac{\mathrm{d}}{\mathrm{d}t}\left(A\cos(\omega_0 t + \alpha)\right) \\ &= A\omega_0 \sin(\omega_0 t + \alpha)\end{aligned}$$

さて，ここで未定定数 A, α を求めるために，初期条件が必要になる．問題を読むと，電荷の初期値が Q_0 と与えられている．また，電流の初期値がゼロであることもわかる．それらの初期条件を式で書くと，
$$\begin{cases} Q(0) = Q_0 \\ I(0) = 0 \end{cases}$$
である．従って，$Q(t), I(t)$ の式に $t=0$ を代入すると，
$$\begin{cases} Q(0) = A\cos(\omega_0 0 + \alpha) = A\cos\alpha = Q_0 \\ I(0) = A\omega_0 \sin(\omega_0 0 + \alpha) = A\omega_0 \sin\alpha = 0 \end{cases}$$
第1式より，$A \neq 0$ であることがわかる．また，$\omega_0 \neq 0$ でもあるので，第2式より，
$$\sin\alpha = 0$$
$$\alpha = 0 \ (, \pi, \cdots)$$
となる．これを第1式に代入すると，
$$A = Q_0 \ (, -Q_0, \cdots)$$
となる．

これらより，電流 $I(t)$ は，
$$\begin{aligned}I(t) &= A\omega_0 \sin(\omega_0 t + \alpha) \\ &= \underline{Q_0 \omega_0 \sin\omega_0 t}\end{aligned}$$
となる．ω_0 は (e) で定義したものなので，元に戻しておくべきであるが，そのままにした．(e) で求めた電荷 $Q(t)$ の最終形も書いておくと，
$$Q(t) = Q_0 \cos\omega_0 t$$
電流と電荷の挙動をグラフにすると，次のようになる．

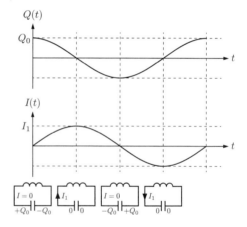

これから，コンデンサの電極の全電荷が完全に入れ換わったところで，電流も反転することを繰り返すことがわかる．

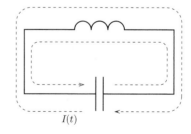

(g) (f) で求めておいた $Q(t) = Q_0 \cos\omega_0 t$ よ

り，電荷がゼロになるのは，
$$\omega_0 t = \frac{\pi}{2}, \frac{3}{2}\pi, \cdots$$
$$t = \frac{\pi}{2\omega_0}, \frac{3\pi}{2\omega_0}, \cdots$$
のときである．これを満たす時刻 t を (f) で求めた $I(t)$ に代入すると，
$$I\left(\frac{\pi}{2\omega_0}\right) = Q_0\,\omega_0 \sin\frac{\pi}{2} = Q_0\,\omega_0$$
$$I\left(\frac{3\pi}{2\omega_0}\right) = Q_0\,\omega_0 \sin\frac{3}{2}\pi = -Q_0\,\omega_0$$
どちらも大きさは $Q_0\,\omega_0$ で，それが I_1 である．また，$\omega_0 = 1/\sqrt{LC}$ なので，
$$I_1 = Q_0\,\omega_0 = \frac{Q_0}{\sqrt{LC}}$$
これより，コンデンサにはじめに蓄えられていた電荷は，
$$Q_0 = I_1\sqrt{LC}$$
これを，はじめにコンデンサに蓄えられていた静電エネルギー U_0（おさらいの式 (6.2)）に代入すると，
$$U_0 = \frac{Q_0{}^2}{2C} = \frac{I_1{}^2 LC}{2C} = \frac{1}{2}L\,I_1{}^2$$
となって，おさらいの式 (14.6) が得られる．このことは，コンデンサの電荷がゼロになると静電エネルギーもゼロになるが，はじめにコンデンサに蓄えられていた静電エネルギーは，コイルのエネルギーとして蓄えられていることを意味している．

(h) (f) で求めた電荷と電流の式は，
$$Q(t) = Q_0 \cos\omega_0 t$$
$$I(t) = Q_0\,\omega_0 \sin\omega_0 t$$
であった．これらを静電エネルギーのおさらいの式 (6.2) とコイルに蓄えられるエネルギーのおさらいの式 (14.6) の和に代入すると，
$$U(t) = \frac{\{Q(t)\}^2}{2C} + \frac{1}{2}L\,\{I(t)\}^2$$
$$= \frac{(Q_0 \cos\omega_0 t)^2}{2C} + \frac{L(Q_0\,\omega_0 \sin\omega_0 t)^2}{2}$$
$$= \frac{Q_0{}^2}{2C}\cos^2\omega_0 t + \frac{LQ_0{}^2\,\omega_0{}^2}{2}\sin^2\omega_0 t$$
ここで $\omega_0 = 1/\sqrt{LC}$ を代入すると，
$$U(t) = \frac{Q_0{}^2}{2C}\cos^2\omega_0 t + \frac{LQ_0{}^2}{2LC}\sin^2\omega_0 t$$
$$= \frac{Q_0{}^2}{2C}\left(\cos^2\omega_0 t + \sin^2\omega_0 t\right)$$
$$= \frac{Q_0{}^2}{2C} = U_0$$
となり，$\underline{U(t)\text{ は定数}}$（はじめにコンデンサに蓄えられていた静電エネルギー U_0）であることがわかった．これより，エネルギーの和は保存される．但し，現実にはコイルや導線にわずかながらも抵抗があるため，そこでジュール熱が発生してエネルギーの散逸が起こる．

第 14 章 おしまい・・・お疲れ様でした．

第 15 章

磁性体

この章中の記号や条件等の説明

• $\vec{A}, \vec{a}, \vec{x}, \boldsymbol{A}, \boldsymbol{a}, \boldsymbol{x}$	ベクトルは矢印や太字 (黒板では二重線) で表されるが,本書では矢印表記を用いる.
• μ_0	真空の透磁率.
• μ	(物質の) 透磁率.
• μ_r	(物質の) 比透磁率.
• $\vec{i}_\mathrm{e}, \vec{i}_\mathrm{e}(\vec{x})$	伝導電流密度ベクトル.
• $\vec{i}_\mathrm{m}, \vec{i}_\mathrm{m}(\vec{x})$	磁化電流密度ベクトル.
• $\vec{J} = (J_x, J_y, J_z)$	磁化ベクトル.
• $\vec{B}(\vec{x},\mathrm{t}) = (B_x(\vec{x},\mathrm{t}), B_y(\vec{x},\mathrm{t}), B_z(\vec{x},\mathrm{t}))$	時刻 t における場所 $\vec{x}$ での磁束密度ベクトル.
• $\vec{H}(\vec{x},\mathrm{t}) = (H_x(\vec{x},\mathrm{t}), H_y(\vec{x},\mathrm{t}), H_z(\vec{x},\mathrm{t}))$	時刻 t における場所 $\vec{x}$ での磁場ベクトル.
• $\mathrm{d}\vec{s}, \mathrm{d}\vec{l}$	線素 (微小線分) ベクトル.

磁性体のおさらい

- 磁場中に**磁性体**を置くと磁気モーメントが発生する．この現象を**磁化**という．
- **反磁性体**は，磁場と逆向きに磁化する (水，銅，鉛，水晶など)．
- **常磁性体**は，磁場と同じ向きに磁化する (硫酸銅，塩化マンガン，液体酸素など)．
- **強磁性体**は，磁場と同じ向きに強く磁化する (鉄，ニッケル，コバルト，磁鉄鉱など)．

磁化ベクトルのおさらい

- 磁化ベクトル $\vec{J}$ は磁化の度合いと向きを表す (磁性体の巨視的な磁気双極子モーメントの平均を単位体積あたりにした値である)．
- 磁化ベクトルは磁性体中の磁場 $\vec{H}$ に比例し，

$$\vec{J} = \chi_{\mathrm{m}} \vec{H} \qquad *注 (次ページ) \tag{15.1}$$

と書ける．比例係数 χ_{m} を**磁化率**と呼ぶ．

透磁率のおさらい

- 磁性体の透磁率 μ は，次のように定義される．

$$\mu = \mu_0 + \chi_{\mathrm{m}} \qquad *注 (次ページ) \tag{15.2}$$

- 透磁率 μ と真空の透磁率 μ_0 の比 μ_{r} を**比透磁率**という．

$$\mu_{\mathrm{r}} = \frac{\mu}{\mu_0} \tag{15.3}$$

磁場 (磁界) のおさらい

- 磁性体中の磁場 $\vec{H}$ は，磁束密度 $\vec{B}$ と磁化ベクトル $\vec{J}$ を用いて

$$\vec{H} = \left(\vec{B} - \vec{J}\right)/\mu_0 \qquad *注 (次ページ) \tag{15.4}$$

と定義される．式 (15.1) と式 (15.2) より，

$$\vec{B} = \mu \vec{H} \tag{15.5}$$

磁場 $\vec{H}$ についてのアンペールの法則のおさらい

- 微分形

  磁場 $\vec{H}$ と伝導電流密度 $\vec{i}_\mathrm{e}$ を用いたアンペールの法則の微分形
  $$\mathrm{rot}\,\vec{H} = \vec{i}_\mathrm{e} \tag{15.6}$$

- 積分形

  式 (15.6) の両辺を閉曲線 C で囲まれた面 S 上で面積分して，ストークスの定理で変形すると
  $$\oint_\mathrm{C} \vec{H} \cdot \mathrm{d}\vec{l} = \int_\mathrm{S} \vec{i}_\mathrm{e} \cdot \vec{n}\, \mathrm{d}S \tag{15.7}$$

  $\mathrm{d}\vec{l}$ は C 上の線素ベクトル，$\vec{n}$ は S 上の法線ベクトル．$\vec{n}$ の向きは，C 上で線積分を行う向き (つまり $\mathrm{d}\vec{l}$ の向き) に右ネジを回してネジが進む向き．

*注：磁化ベクトルと磁化率の定義

- 磁化ベクトルと磁化率の定義については，いくつかの流儀がある．
- 以下にそれらの例を挙げる．本書では①の流儀を使っている．
- 各流儀の磁化ベクトルを $\vec{J}, \vec{M}$ $(\vec{J} = \mu_0 \vec{M})$，磁化率を $\chi_\mathrm{m}, \chi'_\mathrm{m}$ とする ($\chi_\mathrm{m} = \mu_0 \chi'_\mathrm{m}$).
- 伝導電流密度を $\vec{i}_\mathrm{e}$，磁化電流密度を $\vec{i}_\mathrm{m}$ とする．

磁化ベクトル, 磁化率の定義

① $(\vec{J}, \chi_\mathrm{m})$	② $(\vec{J}, \chi'_\mathrm{m})$	③ $(\vec{M}, \chi'_\mathrm{m})$
$\mathrm{rot}\,\vec{J} = \mu_0 \vec{i}_\mathrm{m}$		$\mathrm{rot}\,\vec{M} = \vec{i}_\mathrm{m}$
$\vec{B} = \mu_0 \vec{H} + \vec{J}$		$\vec{B} = \mu_0 \vec{H} + \mu_0 \vec{M}$
$\vec{J} = \chi_\mathrm{m} \vec{H}$	$\vec{J} = \mu_0 \chi'_\mathrm{m} \vec{H}$	$\vec{M} = \chi'_\mathrm{m} \vec{H}$
$\vec{B} = (\mu_0 + \chi_\mathrm{m})\vec{H}$	$\vec{B} = \mu_0(1 + \chi'_\mathrm{m})\vec{H}$	
$\mu = \mu_0 + \chi_\mathrm{m}$	$\mu = \mu_0(1 + \chi'_\mathrm{m})$	
$\mu_\mathrm{r} = 1 + \dfrac{\chi_\mathrm{m}}{\mu_0}$	$\mu_\mathrm{r} = 1 + \chi'_\mathrm{m}$	
$\vec{B} = \mu \vec{H}$		
$\left(\mathrm{rot}\,\vec{B} = \mu_0 \vec{i}_\mathrm{e} + \mu_0 \vec{i}_\mathrm{m}\right)$		
$\mathrm{rot}\,\vec{H} = \vec{i}_\mathrm{e}$		

1. 磁性体入りのソレノイドコイル

長さ l, 断面積 S, 透磁率 μ の磁性体の円柱に, 絶縁された細い導線を単位長さあたり n 巻きで密に巻きつけたソレノイドコイルがある. 導線には電流 I が流れている. ソレノイドコイルの中心軸を含む断面において, ソレノイドコイルの内部と外部にまたがる長方形にアンペールの法則を適用し, 磁性体内の磁場やインダクタンスなどを求める. 長方形の一辺はコイルの中心軸を通り, その長さを a とする. なお, 内部の磁場が中心軸に平行で一様であることと, 外部の磁場がゼロであることは既知とする.

(a) 長方形の辺に沿った経路 C について, 磁場 $\vec{H}$ の線積分を求めなさい. 辺に沿った線素ベクトルを $d\vec{l}$ とし, $\vec{H}, d\vec{l}$ の大きさを H, dl とする.
(b) 長方形の内部の面 S について, 伝導電流密度の面積分を求めなさい. 面 S の法線ベクトルを $\vec{n}$ とする.
(c) 内部の磁場の大きさを求めなさい.
(d) 内部の磁束密度の大きさを求めなさい.
(e) 磁性体の入ったソレノイドコイルのインダクタンスを求めなさい.
(f) 内部の磁束密度の大きさやインダクタンスは, 磁性体がない場合の何倍か?

2. 磁性体の境界条件

異なる透磁率 μ_1, μ_2 の磁性体 1,2 が平面の境界面で接している. 磁性体 1 の磁場 $\vec{H}_1$ は境界面へ向かう向きで, 境界面に垂直な方向と角 θ_1 をなす. 磁性体 2 の磁場 $\vec{H}_2$ は境界面から離れる向きで, 境界面に垂直な方向と角 θ_2 をなす. 磁性体 1,2 での磁束密度を $\vec{B}_1, \vec{B}_2$ とする. 境界面において磁束密度と磁場が満たす条件を求める.

(a) 磁束密度 $\vec{B}_1, \vec{B}_2$ について, 境界面に垂直な成分の大きさ B_{1n}, B_{2n} が満たす関係式を求めなさい.
(b) 磁場 $\vec{H}_1, \vec{H}_2$ について, 境界面に垂直な成分の大きさ H_{1n}, H_{2n} を求めなさい.
(c) 磁場 $\vec{H}_1, \vec{H}_2$ について, 境界面に平行な成分の大きさ H_{1t}, H_{2t} が満たす関係式を求めなさい.
(d) $\tan\theta_1 / \tan\theta_2$ を求めなさい.

3. 磁性体入りのソレノイドコイル その 2

透磁率 μ の磁性体の円柱に, 絶縁された細い導線を密に巻きつけたソレノイドコイルがあり, 導線に電流が流れている. 磁性体内の磁場 $\vec{H}$ は一様で, 中心軸に平行である. 磁性体の外部は真空とする.

(a) 磁性体内の磁束密度 $\vec{B}$ を求めなさい.
(b) 磁性体の端面から外部に出た磁束密度 $\vec{B}_o$ を求めなさい.
(c) 磁性体の端面から外部に出た磁場 $\vec{H}_o$ を求めなさい.

第15章 [解答例]

1. 図は次のようになる．コイルを密に並べて描くべきだが，そこは大目に見てほしい…

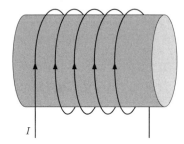

(a) コイルの中心軸を含む面で切ると以下のようになる．

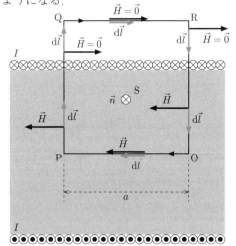

電流の向きも長方形の向きも指定されていないので，図に示した向きとしよう．積分経路の一部が磁性体の中を通るので，磁化電流を考慮しなくてよい磁場についてのアンペールの法則であるおさらいの式 (15.7) を使う．経路 C 上の線積分は，長方形の各辺での積分に分けることができる．

$$\oint_C \vec{H} \cdot d\vec{l} = \int_{OP} \vec{H} \cdot d\vec{l} + \int_{PQ} \vec{H} \cdot d\vec{l} \\ + \int_{QR} \vec{H} \cdot d\vec{l} + \int_{RO} \vec{H} \cdot d\vec{l}$$

辺 OP 上の $\vec{H}$ と $d\vec{l}$ は同じ向きなので，

$$\vec{H} \cdot d\vec{l} = \left|\vec{H}\right|\left|d\vec{l}\right|\cos 0 = H\,dl$$

辺 PQ と辺 RO については，コイルの内部と外部に分けて考える．内部では $\vec{H}$ と $d\vec{l}$ は直交するので，

$$\vec{H} \cdot d\vec{l} = \left|\vec{H}\right|\left|d\vec{l}\right|\cos\frac{\pi}{2} = 0$$

外部では磁場がゼロなので，

$$\vec{H} \cdot d\vec{l} = \vec{0} \cdot d\vec{l} = 0$$

いずれにしても内積はゼロである．
辺 QR 上は磁場がゼロなので，

$$\vec{H} \cdot d\vec{l} = \vec{0} \cdot d\vec{l} = 0$$

以上を線積分に代入すると，

$$\oint_C \vec{H} \cdot d\vec{l} = \int_{OP} H\,dl + \int_{PQ} 0 + \int_{QR} 0 + \int_{RO} 0 \\ = H\int_{OP} dl = \underline{Ha}$$

磁場は一様なので，積分の外に出せる．微小線分 dl を OP 上で足し合わせると，長さ $\overline{OP}$，つまり a となる．

(b) 伝導電流密度の面積分は，面 S を貫く伝導電流の合計である．面 S を貫くコイルは na 本である (図を見て 14 本と言わないこと)．従って，伝導電流の合計は naI となる．これを理解していれば，積分をするまでもなく

$$\int_S \vec{i}_e \cdot \vec{n}\,dS = (符号:+/-?)\,naI$$

となるが，符号には気を付けなければならない．正負のどちらだろうか？それは $\vec{i}_e \cdot \vec{n}$ の符号で決まる．$\vec{n}$ の向きは，右ネジを OPQR の向きに回してネジが進む向きである．$\vec{i}_e$ は伝導電流 I の向きで，(a) の図を見ると $\vec{n}$ と同じ向きになっている．従って，$\vec{i}_e$ と $\vec{n}$ の内積は正である．以上より，符号は正である．

$$\int_S \vec{i}_e \cdot \vec{n}\,dS = +naI = \underline{naI}$$

(c) アンペールの法則より (a) と (b) の結果は等しい．

$$Ha = naI$$
$$H = \underline{nI}$$

(d) 磁性体内では，おさらいの式 (15.5) より
$$B = \mu H = \underline{\mu n I}$$

(e) おさらいの式 (14.2) を使うので，まず磁束を求める．磁束密度がコイルの断面に垂直なため，磁束は $\Phi = BS$ である．さらに，コイルの全巻き数 $N = nl$ に対応する磁束 Φ_N は
$$\Phi_N = N\Phi = NBS = nlBS$$
となる．従って，N 巻きに対応するインダクタンス L_N は，おさらいの式 (14.2) より
$$L_N = \frac{\Phi_N}{I} = \frac{nlBS}{I}$$
であり，B に (d) の結果を代入すると，
$$L_N = \frac{nl\,\mu nI\,S}{I} = \underline{\mu n^2 Sl}$$

(f) 磁場 $\vec{H}$ について解いた (a)〜(c) は，磁性体の有無に関係ない．従って，(c) の結果は磁性体がない (これを**空芯**という) ソレノイドコイルについても成り立つ．磁束密度 $\vec{B}$ についてのアンペールの法則 (おさらいの式 (11.9)) で解き直してもよいが，ここでは (c) の結果を使う．続く (d) との違いは，磁性体がない場合の磁束密度 B' が
$$B' = \mu_0 H = \mu_0 nI$$
となることである．(d) と比較すると
$$\frac{B}{B'} = \frac{\mu nI}{\mu_0 nI} = \underline{\frac{\mu}{\mu_0}}\ (=\mu_\mathrm{r})$$
磁束密度は比透磁率 μ_r 倍になる．

次に，空芯ソレノイドコイルのインダクタンスとして，第 14 章の問 3 で求めた結果を $L_N{'} = \mu_0 n^2 Sl$ として用いると
$$\frac{L_N}{L_N{'}} = \frac{\mu n^2 Sl}{\mu_0 n^2 Sl} = \underline{\frac{\mu}{\mu_0}}\ (=\mu_\mathrm{r})$$
インダクタンスも μ_r 倍になる．

2. 問題文の状況を図にすると，次のようになる．

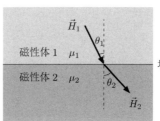

磁場は，境界面で，大きさのみならず向きも変わるかもしれない．磁場だけを描き込んだが，磁束密度も同様である．

(a) おさらいの式 (13.6) の磁束密度についてのガウスの法則の積分形を使う．
$$\int_S \vec{B}\cdot\vec{n}\,\mathrm{d}S = 0$$
さて，積分領域としては，境界面にまたがる微小な円柱を使う．上面は磁性体 1 の側，底面は磁性体 2 の側にあり，上面も底面も境界面に平行で，限りなく近いものとする．この円柱 (というより円板) では，側面積が無視できるので，側面の面積分をゼロとみなすことができる．従って，左辺の面積分は，
$$\int_S \vec{B}\cdot\vec{n}\,\mathrm{d}S = \int_{上面}\vec{B}_1\cdot\vec{n}\,\mathrm{d}S + \int_{底面}\vec{B}_2\cdot\vec{n}\,\mathrm{d}S$$
を求めればよい．

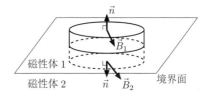

俯瞰図 (鳥瞰図) より，横から見た平面図の方がわかりやすいかもしれない．

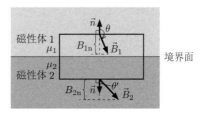

まず，上面では
$$\vec{B}_1 \cdot \vec{n} = \left|\vec{B}_1\right| \cdot 1 \cdot \cos\theta = -B_{1n}$$
となる．$\theta > \pi/2$ より $\cos\theta < 0$ なので，内積は負になる．そして，底面では
$$\vec{B}_2 \cdot \vec{n} = \left|\vec{B}_2\right| \cdot 1 \cdot \cos\theta' = B_{2n}$$
となる．以上より，面積分は
$$\int_S \vec{B} \cdot \vec{n}\, dS = \int_{上面}(-B_{1n})\, dS + \int_{底面} B_{2n}\, dS$$
$$= -B_{1n}\int_{上面} dS + B_{2n}\int_{底面} dS$$
$$= (-B_{1n} + B_{2n})\Delta S$$

微小な円柱の上面と底面では，磁束密度は一様とみなせるため，定数として積分の外に出せる．また，上面と底面の面積を ΔS と置いた．

これを磁束密度についてのガウスの法則の左辺に代入すると，
$$(-B_{1n} + B_{2n})\Delta S = 0$$
$$\underline{B_{1n} = B_{2n}}$$

となる．このように，磁束密度の境界面に垂直な成分は連続である．平行な成分はどうであろうか？それは (c) でわかる．

(b) 磁性体内なので，おさらいの式 (15.5) を使う．ベクトルで成り立つ式は，成分ごとにも成り立つ．磁性体 1 について，境界面に垂直な方向の成分を考えると，
$$H_{1n} = \underline{B_{1n}/\mu_1}$$
となる．磁性体 2 でも同様に
$$H_{2n} = \underline{B_{2n}/\mu_2}$$
である．(a) より $B_{1n} = B_{2n}$ で，$\mu_1 \neq \mu_2$ なので，$H_{1n} \neq H_{2n}$ である．つまり，磁場の境界面に垂直な成分は不連続になる．平行な成分については (c) でわかる．

(c) 磁性体中なので，おさらいの式 (15.7) の磁場 $\vec{H}$ についてのアンペールの法則の積分形を使う．この式は，磁束密度 $\vec{B}$ の式と異なり，伝導電流密度しか含まないので，磁化電流を気にしなくてもよい．
$$\oint_C \vec{H} \cdot d\vec{l} = \int_S \vec{i}_e \cdot \vec{n}\, dS$$
積分経路 C は，次の図のように境界面をまたぐ微小な長方形とする．積分経路上の線素ベクトルを $d\vec{l}$ とした．$d\vec{l}$ は経路 C の向き (どちら向きでもよい) を示している．境界面を横切る辺の長さは無視できるくらい短くする．そうすると，それらの辺における積分はゼロとみなせる．

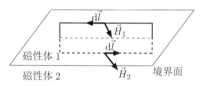

横から見た平面図も描いておく．

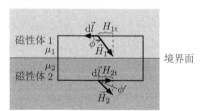

まず，磁性体 1 内の長方形の辺 (上辺) での磁場の線積分は，
$$\vec{H}_1 \cdot d\vec{l} = \left|\vec{H}_1\right|\left|d\vec{l}\right|\cos\phi = -H_{1t}\, dl$$
となる．$\phi > \pi/2$ より $\cos\phi < 0$ なので，内積は負になる．そして，磁性体 2 内の長方形の辺 (下辺) での磁場の線積分は，
$$\vec{H}_2 \cdot d\vec{l} = \left|\vec{H}_2\right|\left|d\vec{l}\right|\cos\phi' = H_{2t}\, dl$$
となる．$\phi' < \pi/2$ より $\cos\phi' > 0$ なので，内積は正になる．

次に，アンペールの法則の右辺の面積分を考える．磁性体中に伝導電流は流れていないの

で $\vec{i}_e = \vec{0}$ である.従って
$$\int_S \vec{i}_e \cdot \vec{n}\, dS = \int_S 0\, dS = 0$$
以上より,アンペールの法則は
$$\oint_C \vec{H} \cdot d\vec{l} = \int_{上辺} (-H_{1t})\, dl + \int_{下辺} H_{2t}\, dl$$
$$= -H_{1t} \int_{上辺} dl + H_{2t} \int_{下辺} dl$$
$$= -H_{1t} \Delta L + H_{2t} \Delta L = 0$$
となる.微小な長方形を想定しているので,各辺における磁場の境界面に平行な成分は定数とみなせるため,積分の外に出した.また,上辺と下辺の長さを ΔL とした.結局,
$$\underline{H_{1t} = H_{2t}}$$
が成り立つ.このように,磁場の境界面に平行な成分は連続である.さらに,おさらいの式 (15.5) を使うと ($H_{1t} = B_{1t}/\mu_1$ など),
$$B_{1t}/\mu_1 = B_{2t}/\mu_2$$
が成り立ち,$\mu_1 \neq \mu_2$ より,$B_{1t} \neq B_{2t}$ である.つまり,磁束密度の境界面に平行な成分は不連続になる.

(d) ここまでの磁場に関する結果を図にまとめておく.

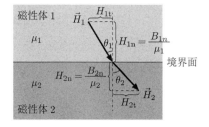

この図より,
$$\tan\theta_1 = \frac{H_{1t}}{H_{1n}}, \quad \tan\theta_2 = \frac{H_{2t}}{H_{2n}}$$
である.従って,
$$\frac{\tan\theta_1}{\tan\theta_2} = \frac{H_{1t}}{H_{1n}} \div \frac{H_{2t}}{H_{2n}} = \frac{H_{1t}}{H_{1n}} \times \frac{H_{2n}}{H_{2t}} = \frac{H_{2n}}{H_{1n}}$$

となる.(c) の結果 $H_{1t} = H_{2t}$ を使った.さらに (b) の結果を代入すると,
$$\frac{\tan\theta_1}{\tan\theta_2} = \frac{B_{2n}/\mu_2}{B_{1n}/\mu_1} = \frac{\mu_1 B_{2n}}{\mu_2 B_{1n}} = \underline{\frac{\mu_1}{\mu_2}}$$
となる.(a) の結果 $B_{1n} = B_{2n}$ も使った.

最後に,境界面での条件についてまとめておこう.まず,磁束密度は,垂直成分が連続で,平行成分が不連続である.そして,磁場は,平行成分が連続で,垂直成分が不連続となる.

3. (a) おさらいの式 (15.5) より,
$$\vec{B} = \underline{\mu \vec{H}}$$

(b) 磁性体内の磁場 $\vec{H}$ は,真空との境界面である磁性体の端面に垂直である.つまり,境界面に垂直な成分のみを持ち,平行な成分はゼロである.また,(a) の結果より,磁性体内の磁束密度 $\vec{B}$ も同様に,境界面に垂直な成分のみを持ち,平行な成分はゼロである.
前問 2. で調べた境界条件として,境界面では境界面に対して,

- 磁場は,平行成分が連続
- 磁束密度は,垂直成分が連続

という連続性がある.

まず,磁場の境界面に平行な成分の連続性について考える.前述したように,磁性体内の磁場 $\vec{H}$ の境界面に平行な成分はゼロである.そして,境界面での連続性より,外部に出た磁場 $\vec{H}_o$ の境界面に平行な成分もゼロである.これを (a) の結果へ当てはめると,外部に出た磁束密度 $\vec{B}_o$ の境界面に平行な成分もゼロであることがわかる.

次に,磁束密度の境界面に垂直な成分の連続性について考える.磁性体内部の磁束密度 $\vec{B}$ の境界面に垂直な成分と,外部に出た磁束密度 $\vec{B}_o$ の境界面に垂直な成分は,境界面での

連続性より等しい.

以上より磁束密度についてわかったことをまとめると, $\vec{B}$ も $\vec{B}_o$ も境界面に垂直な成分しかなく, それが連続なので, 結局, 等しくなる. (a) の結果も使うと,

$$\vec{B}_o = \vec{B} = \underline{\mu \vec{H}}$$

(c) 真空中なので, おさらいの式 (10.3) より

$$\vec{H}_o = \frac{\vec{B}_o}{\mu_0}$$

である. これに (b) の結果を代入すると,

$$\vec{H}_o = \underline{\frac{\mu}{\mu_0} \vec{H}}$$

となる. 比透磁率 $\mu_r = \mu/\mu_0$ を使うと

$$\vec{H}_o = \mu_r \vec{H}$$

である. 問 1. (f) でも述べたように, $\vec{H}$ は磁性体がない場合の磁場でもある. 従って, 磁性体によって外部の磁場が μ_r 倍になることがわかる.

第 15 章 おしまい··· お疲れ様でした.

第 16 章

電磁波

この章の記号や条件等の説明

• $\vec{A}, \vec{a}, \vec{x}, \boldsymbol{A}, \boldsymbol{a}, \boldsymbol{x}$	ベクトルは矢印や太字 (黒板では二重線) で表されるが，本書では矢印表記を用いる．
• $\vec{E}(\vec{x},t) = (E_x(\vec{x},t), E_y(\vec{x},t), E_z(\vec{x},t))$	電場 (電界)
• $\vec{H}(\vec{x},t) = (H_x(\vec{x},t), H_y(\vec{x},t), H_z(\vec{x},t))$	磁場 (磁界)
• $\vec{D}(\vec{x},t) = (D_x(\vec{x},t), D_y(\vec{x},t), D_z(\vec{x},t))$	電束密度
• $\vec{B}(\vec{x},t) = (B_x(\vec{x},t), B_y(\vec{x},t), B_z(\vec{x},t))$	磁束密度
• $\rho_\mathrm{e}(\vec{x},t)$	真電荷の電荷密度
• $\vec{i}_\mathrm{e}(\vec{x},t)$	伝導電流の電流密度
• $\varepsilon,\ \varepsilon_0$	誘電率，真空の誘電率
• $\mu,\ \mu_0$	透磁率，真空の透磁率
• c	光速 (電磁波の速さ)
• grad ($\equiv \vec{\nabla}$)	gradient (勾配) という演算記号 (ナブラ $\vec{\nabla}$ と同じ)．
• div ($\equiv \vec{\nabla}\cdot$)	divergence (発散) という演算記号．
• rot ($\equiv \vec{\nabla}\times$)	rotation (回転) という演算記号．
• $k = \dfrac{2\pi}{\lambda}$	k:波数, λ:波長
• $\omega = 2\pi\nu$	ω:角振動数, ν:振動数

マクスウェル方程式のおさらい

- 電磁気の基本法則であるマクスウェル方程式は,

$$\mathrm{div}\,\vec{D}(\vec{x},t) = \rho_{\mathrm{e}}(\vec{x},t) \tag{16.1}$$

$$\mathrm{div}\,\vec{B}(\vec{x},t) = 0 \tag{16.2}$$

$$\mathrm{rot}\,\vec{H}(\vec{x},t) = \vec{i}_{\mathrm{e}}(\vec{x},t) + \frac{\partial \vec{D}(\vec{x},t)}{\partial t} \tag{16.3}$$

$$\mathrm{rot}\,\vec{E}(\vec{x},t) = -\frac{\partial \vec{B}(\vec{x},t)}{\partial t} \tag{16.4}$$

- $\dfrac{\partial \vec{D}(\vec{x},t)}{\partial t}$ を**変位電流**または**電束電流**という.
- 誘電率 ε, 透磁率 μ の物質中では,

$$\vec{D} = \varepsilon \vec{E} \tag{16.5}$$

$$\vec{B} = \mu \vec{H} \tag{16.6}$$

微分演算子のおさらい

- スカラー量 (1 次元の量) ϕ に対する微分演算子 grad (グラディエント: 勾配) の定義は,

$$\mathrm{grad}\,\phi = \vec{\nabla}\,\phi = \begin{pmatrix} \dfrac{\partial \phi}{\partial x} \\ \dfrac{\partial \phi}{\partial y} \\ \dfrac{\partial \phi}{\partial z} \end{pmatrix} \tag{16.7}$$

- ベクトル $\vec{A}$ に対する微分演算子 div (ダイバージェンス: 発散) の定義は,

$$\mathrm{div}\,\vec{A} = \vec{\nabla}\cdot\vec{A} = \frac{\partial A_x}{\partial x} + \frac{\partial A_y}{\partial y} + \frac{\partial A_z}{\partial z} \tag{16.8}$$

- ベクトル $\vec{A}$ に対する微分演算子 rot (ローテーション: 回転) の定義は,

$$\mathrm{rot}\,\vec{A} = \vec{\nabla}\times\vec{A} = \begin{pmatrix} \dfrac{\partial}{\partial x} \\ \dfrac{\partial}{\partial y} \\ \dfrac{\partial}{\partial z} \end{pmatrix} \times \begin{pmatrix} A_x \\ A_y \\ A_z \end{pmatrix} = \begin{pmatrix} \dfrac{\partial A_z}{\partial y} - \dfrac{\partial A_y}{\partial z} \\ \dfrac{\partial A_x}{\partial z} - \dfrac{\partial A_z}{\partial x} \\ \dfrac{\partial A_y}{\partial x} - \dfrac{\partial A_x}{\partial y} \end{pmatrix} \tag{16.9}$$

- ベクトル $\vec{A}$ に対する微分演算子 Δ (ラプラシアン) の定義は,

$$\Delta \vec{A} = \frac{\partial^2}{\partial x^2}\vec{A} + \frac{\partial^2}{\partial y^2}\vec{A} + \frac{\partial^2}{\partial z^2}\vec{A} \tag{16.10}$$

- ベクトル $\vec{A}$ に対して, 微分演算子 rot を 2 回かけると,

$$\mathrm{rot}\,(\mathrm{rot}\,\vec{A}) = \mathrm{grad}\,(\mathrm{div}\,\vec{A}) - \Delta\vec{A} \tag{16.11}$$

波動方程式のおさらい

- 時刻 t での場所 $\vec{x}$ における波の変位を $f(\vec{x}, t)$ とすると,

$$\frac{1}{v^2}\frac{\partial^2}{\partial t^2}f(\vec{x},t) = \Delta f(\vec{x},t) \quad \left(= \frac{\partial^2}{\partial x^2}f(\vec{x},t) + \frac{\partial^2}{\partial y^2}f(\vec{x},t) + \frac{\partial^2}{\partial z^2}f(\vec{x},t)\right) \tag{16.12}$$

これを**波動方程式**と呼ぶ. v は波の進む速さである.

- 物質中に真電荷 $\rho_e(\vec{x},t)$ と伝導電流 $\vec{i}_e(\vec{x},t)$ がない場合のマクスウェル方程式は,

$$\mathrm{div}\,\vec{E}(\vec{x},t) = 0 \tag{16.13}$$

$$\mathrm{div}\,\vec{B}(\vec{x},t) = 0 \tag{16.14}$$

$$\mathrm{rot}\,\vec{B}(\vec{x},t) = \varepsilon\mu\frac{\partial\vec{E}(\vec{x},t)}{\partial t} \tag{16.15}$$

$$\mathrm{rot}\,\vec{E}(\vec{x},t) = -\frac{\partial\vec{B}(\vec{x},t)}{\partial t} \tag{16.16}$$

となる. これらより電場と磁場は波動方程式

$$\varepsilon\mu\frac{\partial^2}{\partial t^2}\vec{E}(\vec{x},t) = \Delta\vec{E}(\vec{x},t) \tag{16.17}$$

$$\varepsilon\mu\frac{\partial^2}{\partial t^2}\vec{B}(\vec{x},t) = \Delta\vec{B}(\vec{x},t) \tag{16.18}$$

を満たす. これらの波動方程式から $\vec{E}$ と $\vec{B}$ の振る舞い, つまり電磁波が求まる.

- 電磁波の速さ c は, 式 (16.17), (16.18) を式 (16.12) と比較すると,

$$c\;(=v) = \frac{1}{\sqrt{\varepsilon\mu}} \tag{16.19}$$

である (さらに真空中であれば, $\varepsilon \to \varepsilon_0$, $\mu \to \mu_0$).

1. 正弦波と波動方程式

> 波長 λ で x 軸の正の向きに速さ v で進む振幅が A の正弦波を考える．時刻 t での x における正弦波の変位を $f(x,t)$ とする．

(a) $t=0$ の波形が $f(x,0) = A\sin\dfrac{2\pi}{\lambda}x$ である場合の $f(x,t)$ を求めよ．

(b) $f(x,t)$ が 1 次元の波動方程式
$$\frac{1}{v^2}\frac{\partial^2}{\partial t^2}f(x,t) = \frac{\partial^2}{\partial x^2}f(x,t)$$
を満たすことを示しなさい．

2. rot に関するベクトル解析の公式

> 任意のベクトル $\vec{E}$ に対して，
> $$\mathrm{rot}\,(\mathrm{rot}\,\vec{E}) = \mathrm{grad}\,(\mathrm{div}\vec{E}) - \Delta\vec{E}$$
> が成り立つことを x 成分について調べる．

(a) $\mathrm{rot}\,(\mathrm{rot}\,\vec{E})$ の x 成分を求めなさい．

(b) $\mathrm{grad}\,(\mathrm{div}\vec{E})$ の x 成分を求めなさい．

(c) $-\Delta\vec{E}$ の x 成分を求めなさい．

3. 真空中での電磁波の波動方程式

> 電磁波について，マクスウェル方程式
> $$\begin{cases} \mathrm{div}\,\vec{D}(\vec{x},t) = \rho_e(\vec{x},t) \\ \mathrm{div}\,\vec{B}(\vec{x},t) = 0 \\ \mathrm{rot}\,\vec{H}(\vec{x},t) = \vec{i}_e(\vec{x},t) + \dfrac{\partial \vec{D}(\vec{x},t)}{\partial t} \\ \mathrm{rot}\,\vec{E}(\vec{x},t) = -\dfrac{\partial \vec{B}(\vec{x},t)}{\partial t} \end{cases}$$
> から真空中での波動方程式を求める．

(a) 真空中のマクスウェル方程式を書きなさい．

(b) マクスウェル方程式から $\mathrm{rot}(\mathrm{rot}\,\vec{E})$ を求め，問 2 の公式を代入して，電場についての波動方程式を求めなさい．

(c) マクスウェル方程式から $\mathrm{rot}(\mathrm{rot}\,\vec{B})$ を求め，問 2 の公式を代入して，磁場についての波動方程式を求めなさい．

(d) 真空中での光速を求めなさい．但し，
$\varepsilon_0 = 8.85\times 10^{-12}$ A^{2}s^{2}N^{-1}m^{-2},
$\mu_0 = 1.26\times 10^{-6}$ NA^{-2} とする．

4. 1 次元の方向に伝わる電磁波 (平面波)

> 真空中を z 軸方向に平面波として伝わる電磁波を考える．この場合，電場も磁場も z が同じ平面上では一様なため，x,y に依らない z のみの関数 $\vec{E}(z,t), \vec{B}(z,t)$ となる．

(a) 真空中でのマクスウェル方程式に $\vec{E}(z,t)$, $\vec{B}(z,t)$ を代入して，
  i. $\dfrac{\partial E_z(z,t)}{\partial z}$ を求めなさい．
  ii. $\dfrac{\partial B_z(z,t)}{\partial z}$ を求めなさい．
  iii. $\dfrac{\partial E_z(z,t)}{\partial t}$ を求めなさい．
  iv. $\dfrac{\partial B_z(z,t)}{\partial t}$ を求めなさい．
  v. $E_z(z,t)$ を求めなさい．
  vi. $B_z(z,t)$ を求めなさい．

(b) 真空中での電磁波の波動方程式に $\vec{E}(z,t)$, $\vec{B}(z,t)$ を代入して，
  i. $E_x(z,t)$ および $E_y(z,t)$ についての波動方程式を求めなさい．
  ii. $B_x(z,t)$ および $B_y(z,t)$ についての波動方程式を求めなさい．

(c) 電磁波が直線偏光している (電場が一方向に変動する) 場合を考える．例えば，x 成分だけを持ち，$E_y(z,t) = 0$ とする．
  i. $B_x(z,t)$ を求めなさい．
  ii. $E_x(z,t) = A\sin(kz-\omega t)$ が波動方程式の特殊解であることを示しなさい．但し，$k = \dfrac{2\pi}{\lambda}$, $\omega\,(=2\pi\nu) = \dfrac{2\pi c}{\lambda}$ である．
  iii. $E_x(z,t) = A\sin(kz-\omega t)$ のとき，$B_y(z,t)$ を求めなさい．
  iv. $E_x(z,t)$ と $B_y(z,t)$ を図示しなさい．

第16章 [解答例]

1. (a) この正弦波の $t=0$ における波形
$$f(x,0) = A\sin\frac{2\pi}{\lambda}x$$
を図示すると次のようになる.

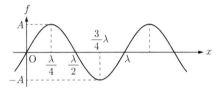

さらに時刻 t では，この正弦波は x 軸の正の向きに vt だけ進んで，下図のように点線から実線へと右にずれる.

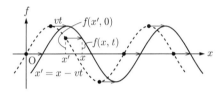

見づらいので，一部を拡大しておく.

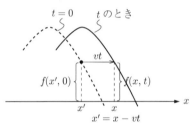

この図を見ると，時刻 t におけるある位置 x の変位 $f(x,t)$ は，x から vt だけもどった位置 $x'(=x-vt)$ の時刻 $t=0$ のときの変位 $f(x',0)$ に等しい．つまり,
$$\begin{aligned}f(x,t) &= f(x',0) \\ &= A\sin\frac{2\pi}{\lambda}x' \\ &= \underline{A\sin\frac{2\pi}{\lambda}(x-vt)}\end{aligned}$$
である.

(b) まず，1次元の波動方程式
$$\frac{1}{v^2}\frac{\partial^2}{\partial t^2}f(x,t) = \frac{\partial^2}{\partial x^2}f(x,t)$$
の左辺に (a) の結果を代入し，t で偏微分する (t だけが変数で，それ以外は定数だと思って微分すればよい).

$$\begin{aligned}&\frac{1}{v^2}\frac{\partial^2}{\partial t^2}f(x,t) \\ &= \frac{1}{v^2}\frac{\partial^2}{\partial t^2}\left\{A\sin\frac{2\pi}{\lambda}(x-vt)\right\} \\ &= \frac{1}{v^2}\frac{\partial}{\partial t}\left\{A\left(-\frac{2\pi}{\lambda}v\right)\cos\frac{2\pi}{\lambda}(x-vt)\right\} \\ &= \frac{1}{v^2}A\left(-\frac{2\pi}{\lambda}v\right)^2\left(-\sin\frac{2\pi}{\lambda}(x-vt)\right) \\ &= -A\left(\frac{2\pi}{\lambda}\right)^2\sin\frac{2\pi}{\lambda}(x-vt)\end{aligned}$$

次に，波動方程式の右辺に (a) の結果を代入し，x で偏微分する (x だけが変数で，それ以外は定数だと思って微分すればよい).

$$\begin{aligned}&\frac{\partial^2}{\partial x^2}f(x,t) \\ &= \frac{\partial^2}{\partial x^2}\left\{A\sin\frac{2\pi}{\lambda}(x-vt)\right\} \\ &= \frac{\partial}{\partial x}\left\{A\frac{2\pi}{\lambda}\cos\frac{2\pi}{\lambda}(x-vt)\right\} \\ &= A\left(\frac{2\pi}{\lambda}\right)^2\left(-\sin\frac{2\pi}{\lambda}(x-vt)\right) \\ &= -A\left(\frac{2\pi}{\lambda}\right)^2\sin\frac{2\pi}{\lambda}(x-vt)\end{aligned}$$

以上より，<u>左辺と右辺が等しくなったので，$f(x,t)$ は波動方程式を満たす.</u>

2. (a) 任意のベクトル $\vec{E}$ について，まず rot の演算を行う．おさらいの式 (16.9) より,

$$\begin{aligned}\text{rot}\,\vec{E} &= \vec{\nabla}\times\vec{E} \\ &= \begin{pmatrix}\dfrac{\partial}{\partial x} \\ \dfrac{\partial}{\partial y} \\ \dfrac{\partial}{\partial z}\end{pmatrix}\times\begin{pmatrix}E_x \\ E_y \\ E_z\end{pmatrix}\end{aligned}$$

$$= \begin{pmatrix} \dfrac{\partial E_z}{\partial y} - \dfrac{\partial E_y}{\partial z} \\ \dfrac{\partial E_x}{\partial z} - \dfrac{\partial E_z}{\partial x} \\ \dfrac{\partial E_y}{\partial x} - \dfrac{\partial E_x}{\partial y} \end{pmatrix}$$

これに,さらに rot を演算すると,

$$\mathrm{rot}\,(\mathrm{rot}\,\vec{E})$$

$$= \begin{pmatrix} \dfrac{\partial}{\partial x} \\ \dfrac{\partial}{\partial y} \\ \dfrac{\partial}{\partial z} \end{pmatrix} \times \begin{pmatrix} \dfrac{\partial E_z}{\partial y} - \dfrac{\partial E_y}{\partial z} \\ \dfrac{\partial E_x}{\partial z} - \dfrac{\partial E_z}{\partial x} \\ \dfrac{\partial E_y}{\partial x} - \dfrac{\partial E_x}{\partial y} \end{pmatrix}$$

$$= \begin{pmatrix} \dfrac{\partial}{\partial y}\left(\dfrac{\partial E_y}{\partial x} - \dfrac{\partial E_x}{\partial y}\right) - \dfrac{\partial}{\partial z}\left(\dfrac{\partial E_x}{\partial z} - \dfrac{\partial E_z}{\partial x}\right) \\ \cdots \\ \cdots \end{pmatrix}$$

よって,$\mathrm{rot}\,(\mathrm{rot}\,\vec{E})$ の x 成分は

$$\left\{\mathrm{rot}\,(\mathrm{rot}\,\vec{E})\right\}_x$$
$$= \dfrac{\partial}{\partial y}\left(\dfrac{\partial E_y}{\partial x} - \dfrac{\partial E_x}{\partial y}\right) - \dfrac{\partial}{\partial z}\left(\dfrac{\partial E_x}{\partial z} - \dfrac{\partial E_z}{\partial x}\right)$$
$$= \dfrac{\partial^2 E_y}{\partial x \partial y} - \dfrac{\partial^2 E_x}{\partial y^2} - \dfrac{\partial^2 E_x}{\partial z^2} + \dfrac{\partial^2 E_z}{\partial x \partial z}$$

(b) 任意のベクトル $\vec{E}$ について,まず div の演算を行う.おさらいの式 (16.8) より,

$$\mathrm{div}\vec{E} = \vec{\nabla} \cdot \vec{E}$$
$$= \dfrac{\partial E_x}{\partial x} + \dfrac{\partial E_y}{\partial y} + \dfrac{\partial E_z}{\partial z}$$

これに,さらに grad を演算すると,おさらいの式 (16.7) より,

$$\mathrm{grad}\left(\mathrm{div}\vec{E}\right)$$
$$= \vec{\nabla}\left(\mathrm{div}\vec{E}\right)$$
$$= \vec{\nabla}\left(\dfrac{\partial E_x}{\partial x} + \dfrac{\partial E_y}{\partial y} + \dfrac{\partial E_z}{\partial z}\right)$$

$$= \begin{pmatrix} \dfrac{\partial}{\partial x}\left(\dfrac{\partial E_x}{\partial x} + \dfrac{\partial E_y}{\partial y} + \dfrac{\partial E_z}{\partial z}\right) \\ \cdots \\ \cdots \end{pmatrix}$$

よって,$\mathrm{grad}\,(\mathrm{div}\vec{E})$ の x 成分は

$$\left\{\mathrm{grad}\,(\mathrm{div}\vec{E})\right\}_x$$
$$= \dfrac{\partial}{\partial x}\left(\dfrac{\partial E_x}{\partial x} + \dfrac{\partial E_y}{\partial y} + \dfrac{\partial E_z}{\partial z}\right)$$
$$= \dfrac{\partial^2 E_x}{\partial x^2} + \dfrac{\partial^2 E_y}{\partial x \partial y} + \dfrac{\partial^2 E_z}{\partial x \partial z}$$

(c) おさらいの式 (16.10) より,

$$-\Delta \vec{E} = -\dfrac{\partial^2 \vec{E}}{\partial x^2} - \dfrac{\partial^2 \vec{E}}{\partial y^2} - \dfrac{\partial^2 \vec{E}}{\partial z^2}$$

よって,$-\Delta\vec{E}$ の x 成分は

$$\left\{-\Delta\vec{E}\right\}_x = -\dfrac{\partial^2 E_x}{\partial x^2} - \dfrac{\partial^2 E_x}{\partial y^2} - \dfrac{\partial^2 E_x}{\partial z^2}$$

(b) の結果にこれを加えると,

$$\dfrac{\partial^2 E_x}{\partial x^2} + \dfrac{\partial^2 E_y}{\partial x \partial y} + \dfrac{\partial^2 E_z}{\partial x \partial z}$$
$$- \dfrac{\partial^2 E_x}{\partial x^2} - \dfrac{\partial^2 E_x}{\partial y^2} - \dfrac{\partial^2 E_x}{\partial z^2}$$
$$= \dfrac{\partial^2 E_y}{\partial x \partial y} + \dfrac{\partial^2 E_z}{\partial x \partial z} - \dfrac{\partial^2 E_x}{\partial y^2} - \dfrac{\partial^2 E_x}{\partial z^2}$$

となる.これは (a) の結果と等しいので,

$$\mathrm{rot}\,(\mathrm{rot}\,\vec{E}) = \mathrm{grad}\,(\mathrm{div}\vec{E}) - \Delta\vec{E}$$

が x 成分について成り立つことを示せた.y 成分および z 成分についても成り立つことを同様に示すことができる (ここでは省略する).

3. (a) 真空中なので,電荷もなければ,電流も流れない.そこで,おさらいの式 (16.1) ~ (16.4) のマクスウェル方程式に含まれる真電荷を $\rho_\mathrm{e} = 0$,伝道電流を $\vec{i}_\mathrm{e} = 0$ とする.すると,おさらいの式 (16.1) ~ (16.4) の形のマクスウェル方程式が得られる.さらに真空中の場合,物質の誘電率 ε を真空の誘電率 ε_0 に,物質の透磁率 μ を真空の透磁率 μ_0

に置き換えればよいので,

$$\begin{cases} \text{div}\,\vec{E}(\vec{x},t) = 0 \\ \text{div}\,\vec{B}(\vec{x},t) = 0 \\ \text{rot}\,\vec{B}(\vec{x},t) = \varepsilon_0\mu_0\dfrac{\partial \vec{E}(\vec{x},t)}{\partial t} \\ \text{rot}\,\vec{E}(\vec{x},t) = -\dfrac{\partial \vec{B}(\vec{x},t)}{\partial t} \end{cases}$$

となる.

(b) まず, マクスウェル方程式から $\text{rot}\,(\text{rot}\,\vec{E})$ を求める. (a) の結果の第 4 式の両辺に rot を演算すると,

$$\text{rot}\,\left(\text{rot}\,\vec{E}\right) = -\text{rot}\,\left(\dfrac{\partial \vec{B}}{\partial t}\right)$$
$$= -\dfrac{\partial}{\partial t}\,\text{rot}\,\vec{B}$$

となって, $\text{rot}\,(\text{rot}\,\vec{E})$ が得られる. 式を見やすくするために, $\vec{E}$ や $\vec{B}$ に $(\vec{x},t)$ を付けるのは省略した. また, 右辺は時間 t による偏微分の次に rot による位置座標 x, y, z での偏微分を行うところを, その順番を入れ替えた. この入れ替えに納得がいかない人ために, これをまじめに (地道に) 示しておくと,

$$\text{rot}\,\left(\dfrac{\partial \vec{B}}{\partial t}\right) = \begin{pmatrix}\dfrac{\partial}{\partial x}\\ \dfrac{\partial}{\partial y}\\ \dfrac{\partial}{\partial z}\end{pmatrix} \times \begin{pmatrix}\dfrac{\partial}{\partial t}B_x\\ \dfrac{\partial}{\partial t}B_y\\ \dfrac{\partial}{\partial t}B_z\end{pmatrix}$$

$$= \begin{pmatrix}\dfrac{\partial}{\partial y}\left(\dfrac{\partial}{\partial t}B_z\right) - \dfrac{\partial}{\partial z}\left(\dfrac{\partial}{\partial t}B_y\right)\\ \dfrac{\partial}{\partial z}\left(\dfrac{\partial}{\partial t}B_x\right) - \dfrac{\partial}{\partial x}\left(\dfrac{\partial}{\partial t}B_z\right)\\ \dfrac{\partial}{\partial x}\left(\dfrac{\partial}{\partial t}B_y\right) - \dfrac{\partial}{\partial y}\left(\dfrac{\partial}{\partial t}B_x\right)\end{pmatrix}$$

$$= \begin{pmatrix}\dfrac{\partial}{\partial y \partial t}B_z - \dfrac{\partial}{\partial z \partial t}B_y\\ \dfrac{\partial}{\partial z \partial t}B_x - \dfrac{\partial}{\partial x \partial t}B_z\\ \dfrac{\partial}{\partial x \partial t}B_y - \dfrac{\partial}{\partial y \partial t}B_x\end{pmatrix}$$

と

$$\dfrac{\partial}{\partial t}\,\text{rot}\,\vec{B} = \dfrac{\partial}{\partial t}\left(\begin{pmatrix}\dfrac{\partial}{\partial x}\\ \dfrac{\partial}{\partial y}\\ \dfrac{\partial}{\partial z}\end{pmatrix} \times \begin{pmatrix}B_x\\ B_y\\ B_z\end{pmatrix}\right)$$

$$= \dfrac{\partial}{\partial t}\begin{pmatrix}\dfrac{\partial}{\partial y}B_z - \dfrac{\partial}{\partial z}B_y\\ \dfrac{\partial}{\partial z}B_x - \dfrac{\partial}{\partial x}B_z\\ \dfrac{\partial}{\partial x}B_y - \dfrac{\partial}{\partial y}B_x\end{pmatrix}$$

$$= \begin{pmatrix}\dfrac{\partial}{\partial t}\left(\dfrac{\partial}{\partial y}B_z\right) - \dfrac{\partial}{\partial t}\left(\dfrac{\partial}{\partial z}B_y\right)\\ \dfrac{\partial}{\partial t}\left(\dfrac{\partial}{\partial z}B_x\right) - \dfrac{\partial}{\partial t}\left(\dfrac{\partial}{\partial x}B_z\right)\\ \dfrac{\partial}{\partial t}\left(\dfrac{\partial}{\partial x}B_y\right) - \dfrac{\partial}{\partial t}\left(\dfrac{\partial}{\partial y}B_x\right)\end{pmatrix}$$

$$= \begin{pmatrix}\dfrac{\partial}{\partial t \partial y}B_z - \dfrac{\partial}{\partial t \partial z}B_y\\ \dfrac{\partial}{\partial t \partial z}B_x - \dfrac{\partial}{\partial t \partial x}B_z\\ \dfrac{\partial}{\partial t \partial x}B_y - \dfrac{\partial}{\partial t \partial y}B_x\end{pmatrix}$$

となる. ここまで具体的に書き下すと, t で偏微分してから rot を演算するのと, 逆に rot の演算をしてから t で偏微分するのが同じことだとわかるだろう. ちなみに, それぞれの式の最後に出てくる t と x, t と y, t と z の偏微分は, どれも順番を入れ替えられる.

さて, 元の式に戻って, 左辺に問 2 の公式

$$\text{rot}\,\left(\text{rot}\,\vec{E}\right) = \text{grad}\,\left(\text{div}\vec{E}\right) - \Delta\vec{E}$$

を代入し, 右辺に (a) の結果の第 3 式

$$\text{rot}\,\vec{B} = \varepsilon_0\mu_0\dfrac{\partial \vec{E}}{\partial t}$$

を代入すると,

$$\mathrm{grad}\left(\mathrm{div}\vec{E}\right) - \Delta\vec{E} = -\frac{\partial}{\partial t}\left(\varepsilon_0\mu_0\frac{\partial \vec{E}}{\partial t}\right)$$
$$= -\varepsilon_0\mu_0\frac{\partial^2 \vec{E}}{\partial t^2}$$

となる. この左辺に (a) の結果の第 1 式 $\mathrm{div}\vec{E} = 0$ を代入すると, 左辺の 1 項目が消えて,

$$\Delta\vec{E} = \varepsilon_0\mu_0\frac{\partial^2 \vec{E}}{\partial t^2}$$

が得られる. これは $\vec{E}(\vec{x},t)$ についての波動方程式である.

(c) まず, マクスウェル方程式から $\mathrm{rot}\,(\mathrm{rot}\,\vec{B})$ を求める. (a) の結果の第 3 式の両辺に rot を演算すると,

$$\mathrm{rot}\left(\mathrm{rot}\,\vec{B}\right) = \mathrm{rot}\left(\varepsilon_0\mu_0\frac{\partial \vec{E}}{\partial t}\right)$$
$$= \varepsilon_0\mu_0\frac{\partial}{\partial t}\mathrm{rot}\,\vec{E}$$

となって, $\mathrm{rot}\,(\mathrm{rot}\,\vec{B})$ が得られる. 右辺は時間 t による偏微分と rot の順番を入れ替えた. この式の左辺に問 2 の公式

$$\mathrm{rot}\left(\mathrm{rot}\,\vec{B}\right) = \mathrm{grad}\left(\mathrm{div}\vec{B}\right) - \Delta\vec{B}$$

を代入し, 右辺に (a) の結果の第 4 式

$$\mathrm{rot}\,\vec{E} = -\frac{\partial \vec{B}}{\partial t}$$

を代入すると,

$$\mathrm{grad}\left(\mathrm{div}\vec{B}\right) - \Delta\vec{B} = \varepsilon_0\mu_0\frac{\partial}{\partial t}\left(-\frac{\partial \vec{B}}{\partial t}\right)$$
$$= -\varepsilon_0\mu_0\frac{\partial^2 \vec{B}}{\partial t^2}$$

となる. この左辺に (a) の結果の第 2 式 $\mathrm{div}\vec{B} = 0$ を代入すると, 左辺の 1 項目が消えて,

$$\Delta\vec{B} = \varepsilon_0\mu_0\frac{\partial^2 \vec{B}}{\partial t^2}$$

が得られる. これは $\vec{B}(\vec{x},t)$ についての波動方程式である.

(d) 光も電磁波である. 電磁波は空間を電場と磁場が伝わる現象である. その電場と磁場は (b) と (c) で求めたように波動方程式を満たす. 例えば, (b) で求めた電場 $\vec{E}$ についての波動方程式

$$\Delta\vec{E} = \varepsilon_0\mu_0\frac{\partial^2 \vec{E}}{\partial t^2}$$

に含まれる係数の部分と, おさらいの式 (16.12) の波動方程式

$$\Delta f = \frac{1}{v^2}\frac{\partial^2 f}{\partial t^2}$$

に含まれる波の伝わる速さ v を見比べると,

$$\frac{1}{v^2} = \varepsilon_0\mu_0$$

であることがわかる. よって, 真空中の光の速さ (光速) c は,

$$c = v = \frac{1}{\sqrt{\varepsilon_0\mu_0}}$$

である. これに

$$\varepsilon_0 = 8.85 \times 10^{-12}\,\mathrm{A^2 s^2 N^{-1} m^{-2}}$$
$$\mu_0 = 1.26 \times 10^{-6}\,\mathrm{NA^{-2}}$$

を代入すると,

$$c = \frac{1}{\sqrt{\varepsilon_0\mu_0}}$$
$$= \frac{1}{\sqrt{8.85 \times 10^{-12} \times 1.26 \times 10^{-6}}}$$
$$\left(\mathrm{A^2 s^2 N^{-1} m^{-2} \cdot NA^{-2}}\right)^{-\frac{1}{2}}$$
$$= 2.99 \times 10^8\,\mathrm{m/s}$$

となる.

4. 1 次元の方向に伝わる電磁波としては, 例えば, 遠方の星からの光を考えるとよい. 星の光は, 波面 (波頭) が星を中心として球面状に広がっていく球面波である. しかし, 地球に届いたときの波面はほとんど平面とみなすことができる. そのときの波面は, 星と地球を結ぶ直線の方向に進む平面波と思ってよい.

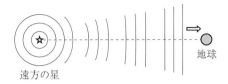
遠方の星　地球

(a) 真空中のマクスウェル方程式は，問 3.(a) より，

$$\begin{cases} \text{div } \vec{E}(\vec{x},t) = 0 \\ \text{div } \vec{B}(\vec{x},t) = 0 \\ \text{rot } \vec{B}(\vec{x},t) = \varepsilon_0\mu_0 \dfrac{\partial \vec{E}(\vec{x},t)}{\partial t} \\ \text{rot } \vec{E}(\vec{x},t) = -\dfrac{\partial \vec{B}(\vec{x},t)}{\partial t} \end{cases}$$

である．さて，どれに $\vec{E}(z,t), \vec{B}(z,t)$ を代入すればよいのだろう？あれこれ考えているより，4 式しかないのだから全ての式に代入してみればよい．

i. 第 1 式に $\vec{E}(z,t)$ を代入すると，

$$\text{div } \vec{E}(z,t) = 0$$

おさらいの式 (16.8) より，
$$\dfrac{\partial E_x(z,t)}{\partial x} + \dfrac{\partial E_y(z,t)}{\partial y} + \dfrac{\partial E_z(z,t)}{\partial z} = 0$$
左辺の第 1 項と第 2 項はゼロになる．それはなぜか？例えば第 1 項について考えてみる．x で偏微分する場合，x 以外の変数は全て定数とみなせばよい．ここで，$E_x(z,t)$ が含む変数は z と t なので，それらを定数とみなして微分を行うことになる．第 2 項も同様である．つまり，第 1 項も第 2 項も定数を微分することとなり，その結果はゼロになる．結局，第 3 項だけが残るので，

$$\underline{\dfrac{\partial E_z(z,t)}{\partial z} = 0}$$

となる．

ii. 第 2 式に $\vec{B}(z,t)$ を代入すると，

$$\text{div } \vec{B}(z,t) = 0$$

おさらいの式 (16.8) より，
$$\dfrac{\partial B_x(z,t)}{\partial x} + \dfrac{\partial B_y(z,t)}{\partial y} + \dfrac{\partial B_z(z,t)}{\partial z} = 0$$
(a) i. と同様に，左辺の第 1 項と第 2 項はゼロになる．結局，第 3 項だけが残るので，

$$\underline{\dfrac{\partial B_z(z,t)}{\partial z} = 0}$$

となる．

iii. 第 3 式に $\vec{E}(z,t)$ と $\vec{B}(z,t)$ を代入すると，

$$\text{rot } \vec{B}(z,t) = \varepsilon_0\mu_0 \dfrac{\partial \vec{E}(z,t)}{\partial t}$$

となる．これを成分で表すと，

$$\begin{pmatrix} \dfrac{\partial B_z(z,t)}{\partial y} - \dfrac{\partial B_y(z,t)}{\partial z} \\ \dfrac{\partial B_x(z,t)}{\partial z} - \dfrac{\partial B_z(z,t)}{\partial x} \\ \dfrac{\partial B_y(z,t)}{\partial x} - \dfrac{\partial B_x(z,t)}{\partial y} \end{pmatrix} = \varepsilon_0\mu_0 \begin{pmatrix} \dfrac{\partial E_x(z,t)}{\partial t} \\ \dfrac{\partial E_y(z,t)}{\partial t} \\ \dfrac{\partial E_z(z,t)}{\partial t} \end{pmatrix}$$

となる．この左辺の z 成分をよく見ると，z と t の関数を x や y で偏微分するので，またもやゼロである．従って，z 成分の右辺は，

$$\underline{\dfrac{\partial E_z(z,t)}{\partial t} = 0}$$

となる．

さて，x 成分と y 成分から得られる式も後に (c) で使うので，最後まで求めておこう．各成分から，
$$\dfrac{\partial B_z(z,t)}{\partial y} - \dfrac{\partial B_y(z,t)}{\partial z} = \varepsilon_0\mu_0 \dfrac{\partial E_x(z,t)}{\partial t}$$
$$\dfrac{\partial B_x(z,t)}{\partial z} - \dfrac{\partial B_z(z,t)}{\partial x} = \varepsilon_0\mu_0 \dfrac{\partial E_y(z,t)}{\partial t}$$
が得られる．ここでも z と t の関数を x や y で偏微分する項はゼロになるので，

$$-\dfrac{\partial B_y(z,t)}{\partial z} = \varepsilon_0\mu_0 \dfrac{\partial E_x(z,t)}{\partial t}$$
$$\dfrac{\partial B_x(z,t)}{\partial z} = \varepsilon_0\mu_0 \dfrac{\partial E_y(z,t)}{\partial t}$$

となる．

iv. 第4式に $\vec{E}(z,t)$ と $\vec{B}(z,t)$ を代入すると，
$$\mathrm{rot}\,\vec{E}(z,t) = -\frac{\partial \vec{B}(z,t)}{\partial t}$$
となる．これを成分で表すと，
$$\begin{pmatrix} \dfrac{\partial E_z(z,t)}{\partial y} - \dfrac{\partial E_y(z,t)}{\partial z} \\ \dfrac{\partial E_x(z,t)}{\partial z} - \dfrac{\partial E_z(z,t)}{\partial x} \\ \dfrac{\partial E_y(z,t)}{\partial x} - \dfrac{\partial E_x(z,t)}{\partial y} \end{pmatrix} = -\begin{pmatrix} \dfrac{\partial B_x(z,t)}{\partial t} \\ \dfrac{\partial B_y(z,t)}{\partial t} \\ \dfrac{\partial B_z(z,t)}{\partial t} \end{pmatrix}$$
となる．この左辺の z 成分をよく見ると，z と t の関数を x や y で偏微分するので，これまたゼロである．従って，z 成分は右辺が残って，
$$\frac{\partial B_z(z,t)}{\partial t} = 0$$
となる．

さて，x 成分と y 成分から得られる式も後に (c) で使うので，最後まで求めておこう．各成分から，
$$\frac{\partial E_z(z,t)}{\partial y} - \frac{\partial E_y(z,t)}{\partial z} = -\frac{\partial B_x(z,t)}{\partial t}$$
$$\frac{\partial E_x(z,t)}{\partial z} - \frac{\partial E_z(z,t)}{\partial x} = -\frac{\partial B_y(z,t)}{\partial t}$$
が得られる．ここでも z と t の関数を x や y で偏微分する項はゼロになるので，
$$-\frac{\partial E_y(z,t)}{\partial z} = -\frac{\partial B_x(z,t)}{\partial t}$$
$$\frac{\partial E_x(z,t)}{\partial z} = -\frac{\partial B_y(z,t)}{\partial t}$$
となる．

v. (a) i.の結果
$$\frac{\partial E_z(z,t)}{\partial z} = 0$$
より，$E_z(z,t)$ が z を含まないことがわかる．つまり，
$$E_z(z,t) = E_z(t)$$
である．これを (a) iii.の結果に代入すると，
$$\frac{\partial E_z(z,t)}{\partial t} = \frac{\partial E_z(t)}{\partial t}\left(=\frac{dE_z(t)}{dt}\right) = 0$$
である．これを積分すると，
$$E_z(t) = c_1$$
となる．c_1 は定数である．結局，
$$\underline{E_z(z,t) = c_1}$$
である．

vi. (a) ii.の結果
$$\frac{\partial B_z(z,t)}{\partial z} = 0$$
より，$B_z(z,t)$ が z を含まないことがわかる．つまり，
$$B_z(z,t) = B_z(t)$$
である．これを (a) iv.の結果に代入すると，
$$\frac{\partial B_z(z,t)}{\partial t} = \frac{\partial B_z(t)}{\partial t}\left(=\frac{dB_z(t)}{dt}\right) = 0$$
である．これを積分すると，
$$B_z(t) = c_2$$
となる．c_2 は定数である．結局，
$$\underline{B_z(z,t) = c_2}$$
である．

さて，ここで (a) の v.と vi.の結果について吟味しよう．今，電場と磁場の変化が波として空間を伝わる現象である電磁波を扱っているのであるが，その電場も磁場も z 成分が定数であること，つまり時間変化しないことがわかった．これは実は重要なことを意味している．それは，いったい何だろう $\cdots$!?
この波は進行方向 (z 方向) へは変動しないということだ．つまり，電磁波は縦波ではない．
電磁波は横波である (電場および磁場の x 成

分や y 成分が時間変動することは，この後の問題で確かめる）．

さて，z 成分については空間全体にわたって一定なので，言わば静電場であり，静磁場である．これはどんな状態なのだろうか？ 先に述べたように，電磁波は電場と磁場の変動が伝わる現象である．ということは，変動しない z 成分は電磁波とは別に取り扱えばよいのである．例えば $c_1 = c_2 = 0$ を選んでおいて差し支えないので，

$$E_z(z,t) = 0$$
$$B_z(z,t) = 0$$

と表せる．もし必要なら，z 成分については静電場と静磁場の分（定数分）を後で付け加えればよい．

(b) 前問 (a) の iii. と iv. では，どちらも x 成分と y 成分から得られる式を使っていない．実は，それら4つの式を使うと波動方程式を導くことができるのだが，ここではその導出は省略して，問 3. の (b) と (c) で求めた波動方程式

$$\Delta \vec{E} = \varepsilon_0 \mu_0 \frac{\partial^2 \vec{E}}{\partial t^2}$$
$$\Delta \vec{B} = \varepsilon_0 \mu_0 \frac{\partial^2 \vec{B}}{\partial t^2}$$

を用いることにする．

i. 波動方程式（の第1式）に $\vec{E}(z,t)$ を代入すると，

$$\Delta \vec{E}(z,t) = \varepsilon_0 \mu_0 \frac{\partial^2 \vec{E}(z,t)}{\partial t^2}$$

である．また，左辺をおさらいの式 (16.10) に従って書き直すと，

$$\frac{\partial^2 \vec{E}(z,t)}{\partial x^2} + \frac{\partial^2 \vec{E}(z,t)}{\partial y^2} + \frac{\partial^2 \vec{E}(z,t)}{\partial z^2}$$
$$= \varepsilon_0 \mu_0 \frac{\partial^2 \vec{E}(z,t)}{\partial t^2}$$

となる．この左辺の第1項は，x を含まない $\vec{E}(z,t)$ を x で偏微分するのでゼロである．第2項も同様に，y を含まない $\vec{E}(z,t)$ を y で偏微分するのでゼロである．従って，左辺は第3項だけが残り，

$$\frac{\partial^2 \vec{E}(z,t)}{\partial z^2} = \varepsilon_0 \mu_0 \frac{\partial^2 \vec{E}(z,t)}{\partial t^2}$$

となる．これを成分で表すと

$$\begin{pmatrix} \dfrac{\partial^2 E_x(z,t)}{\partial z^2} \\ \dfrac{\partial^2 E_y(z,t)}{\partial z^2} \\ \dfrac{\partial^2 E_z(z,t)}{\partial z^2} \end{pmatrix} = \varepsilon_0 \mu_0 \begin{pmatrix} \dfrac{\partial^2 E_x(z,t)}{\partial t^2} \\ \dfrac{\partial^2 E_y(z,t)}{\partial t^2} \\ \dfrac{\partial^2 E_z(z,t)}{\partial t^2} \end{pmatrix}$$

である．この x 成分は $E_x(z,t)$ についての波動方程式

$$\frac{\partial^2 E_x(z,t)}{\partial z^2} = \varepsilon_0 \mu_0 \frac{\partial^2 E_x(z,t)}{\partial t^2}$$

であり，y 成分は $E_y(z,t)$ についての波動方程式

$$\frac{\partial^2 E_y(z,t)}{\partial z^2} = \varepsilon_0 \mu_0 \frac{\partial^2 E_y(z,t)}{\partial t^2}$$

である．なお，z 成分については，(a) i. と iii. の結果より，$0 = 0$ であることが確認できる．

ii. 前問と同様に，波動方程式（の第2式）に $\vec{B}(z,t)$ を代入すると，

$$\Delta \vec{B}(z,t) = \varepsilon_0 \mu_0 \frac{\partial^2 \vec{B}(z,t)}{\partial t^2}$$

である．また，左辺をおさらいの式 (16.10) に従って書き直すと，

$$\frac{\partial^2 \vec{B}(z,t)}{\partial x^2} + \frac{\partial^2 \vec{B}(z,t)}{\partial y^2} + \frac{\partial^2 \vec{B}(z,t)}{\partial z^2}$$
$$= \varepsilon_0 \mu_0 \frac{\partial^2 \vec{B}(z,t)}{\partial t^2}$$

となる．この左辺の第1項は，x を含まない $\vec{B}(z,t)$ を x で偏微分するのでゼロである．第2項も同様に，y を含まない

$\vec{B}(z,t)$ を y で偏微分するのでゼロである．従って，左辺は第3項だけが残り，
$$\frac{\partial^2 \vec{B}(z,t)}{\partial z^2} = \varepsilon_0 \mu_0 \frac{\partial^2 \vec{B}(z,t)}{\partial t^2}$$
となる．これを成分で表すと
$$\begin{pmatrix} \dfrac{\partial^2 B_x(z,t)}{\partial z^2} \\ \dfrac{\partial^2 B_y(z,t)}{\partial z^2} \\ \dfrac{\partial^2 B_z(z,t)}{\partial z^2} \end{pmatrix} = \varepsilon_0 \mu_0 \begin{pmatrix} \dfrac{\partial^2 B_x(z,t)}{\partial t^2} \\ \dfrac{\partial^2 B_y(z,t)}{\partial t^2} \\ \dfrac{\partial^2 B_z(z,t)}{\partial t^2} \end{pmatrix}$$
である．この x 成分は $B_x(z,t)$ についての波動方程式
$$\frac{\partial^2 B_x(z,t)}{\partial z^2} = \varepsilon_0 \mu_0 \frac{\partial^2 B_x(z,t)}{\partial t^2}$$
であり，y 成分は $B_y(z,t)$ についての波動方程式
$$\frac{\partial^2 B_y(z,t)}{\partial z^2} = \varepsilon_0 \mu_0 \frac{\partial^2 B_y(z,t)}{\partial t^2}$$
である．なお，z 成分については，(a) ii. と iv. の結果より，$0=0$ であることが確認できる．

(c) まだ活用していない (a) の iii. と iv. で求めた式をここで使うので，前置きとして挙げておく．

(a) iii. より，
$$-\frac{\partial B_y(z,t)}{\partial z} = \varepsilon_0\mu_0 \frac{\partial E_x(z,t)}{\partial t}$$
$$\frac{\partial B_x(z,t)}{\partial z} = \varepsilon_0\mu_0 \frac{\partial E_y(z,t)}{\partial t}$$

(a) iv. より，
$$-\frac{\partial E_y(z,t)}{\partial z} = -\frac{\partial B_x(z,t)}{\partial t}$$
$$\frac{\partial E_x(z,t)}{\partial z} = -\frac{\partial B_y(z,t)}{\partial t}$$

i. ここでは $E_y(z,t) = 0$ の場合を考えているのだから，それを前置きの第2式に代入すると，右辺の偏微分がゼロになるので，
$$\frac{\partial B_x(z,t)}{\partial z} = 0$$
となる．第3式にも $E_y(z,t) = 0$ を代入すると，左辺の偏微分がゼロになるので，
$$\frac{\partial B_x(z,t)}{\partial t} = 0$$
となる．さて，$B_x(z,t)$ は z と t の関数で，z で偏微分しても，t で偏微分してもゼロになる．このことから，$B_x(z,t)$ の正体は定数である $\cdots$ のは，わかりますか？

念のため説明しておくと，まず，はじめの式より $B_x(z,t)$ は変数 z を含まないことがわかる．もし z を含むのであれば，z で偏微分するとゼロにならずに，z を含むものか，z 以外の変数か，少なくともゼロでない定数が残る．結局，z を含まないのだから $B_x(z,t) = B_x(t)$ と書ける．これを続く式に代入すると，
$$\frac{\partial B_x(z,t)}{\partial t} = \frac{\partial B_x(t)}{\partial t}\left(=\frac{dB_x(t)}{dt}\right) = 0$$
となり，
$$B_x(t) = c_3$$
となる．c_3 は定数である．結局，
$$\underline{B_x(z,t) = c_3}$$
である．

ところで，電磁波を考えるときは，変動しない成分は別に取り扱えばよい．ここでも $c_3 = 0$ を選んで，
$$B_x(z,t) = 0$$
としておいて差し支えない．必要ならば，後で定数分を追加すればよい．

ii. 波長の逆数に 2π を掛けた k は，波数と呼ばれる．ω は角振動数である．両者は，振動数と波長と波の伝わる速さの関係 $\nu\lambda = c$ から，
$$\omega = 2\pi\nu = \frac{2\pi c}{\lambda} = kc$$
の関係になる（ちなみに，2π を掛けない波長の逆数のことを波数と呼ぶこともあり，この場合は単位長さあたりの波の数に対応する）．

さて，電場が真空中で満たす波動方程式は，(b) i. の結果より，
$$\frac{\partial^2 E_x(z,t)}{\partial z^2} = \varepsilon_0 \mu_0 \frac{\partial^2 E_x(z,t)}{\partial t^2}$$
$$\frac{\partial^2 E_y(z,t)}{\partial z^2} = \varepsilon_0 \mu_0 \frac{\partial^2 E_y(z,t)}{\partial t^2}$$
である．まず，これらに真空中の光速 c を代入しておこう．おさらいの式 (16.19) より，真空中の光速は，
$$c = \frac{1}{\sqrt{\varepsilon_0 \mu_0}}$$
なので，
$$\frac{\partial^2 E_x(z,t)}{\partial z^2} = \frac{1}{c^2}\frac{\partial^2 E_x(z,t)}{\partial t^2}$$
$$\frac{\partial^2 E_y(z,t)}{\partial z^2} = \frac{1}{c^2}\frac{\partial^2 E_y(z,t)}{\partial t^2}$$
となる．さて，
$$E_x(z,t) = A\sin(kz - \omega t)$$
が特殊解であることを示すには，これを第 1 式の両辺にを代入して，式が成り立つことを確かめればよい．まず，左辺に代入すると，
$$\frac{\partial^2 E_x(z,t)}{\partial z^2} = \frac{\partial^2}{\partial z^2}\{A\sin(kz - \omega t)\}$$
$$= \frac{\partial}{\partial z}\{Ak\cos(kz - \omega t)\}$$
$$= -Ak^2 \sin(kz - \omega t)$$

となる．同様に右辺にも代入すると，
$$\frac{1}{c^2}\frac{\partial^2 E_x(z,t)}{\partial t^2}$$
$$= \frac{1}{c^2}\frac{\partial^2}{\partial t^2}\{A\sin(kz - \omega t)\}$$
$$= \frac{1}{c^2}\frac{\partial}{\partial t}\{-A\omega\cos(kz - \omega t)\}$$
$$= -\frac{1}{c^2}A\omega^2\sin(kz - \omega t)$$
$$= -Ak^2\sin(kz - \omega t)$$
となる．最後の式変形では，冒頭で説明した $\omega = kc$ を用いた．以上より，左辺と右辺が等しくなるので，確かに<u>電場の波動方程式の解の 1 つ，つまり特殊解である</u>ことを示せた．

ちなみに，第 2 式は $E_y(z,t) = 0$ を代入すると $0 = 0$ になる．

iii. 既に (c) の冒頭の前置きの式のうち第 2 式と第 3 式を使ったが，ここでは残りの式を使う．

まず，(c) の冒頭の第 1 式に，
$$E_x(z,t) = A\sin(kz - \omega t)$$
を代入すると，
$$\frac{\partial B_y(z,t)}{\partial z}$$
$$= -\varepsilon_0\mu_0 \frac{\partial E_x(z,t)}{\partial t}$$
$$= -\varepsilon_0\mu_0 \frac{\partial}{\partial t}\{A\sin(kz - \omega t)\}$$
$$= -\varepsilon_0\mu_0 A(-\omega)\cos(kz - \omega t)$$
$$= \varepsilon_0\mu_0 A\omega \cos(kz - \omega t)$$

次に，この両辺を z で積分する．この積分は z による偏微分と逆なので，z 以外の変数（つまり t）を定数とみなして積分

を行う．

$$B_y(z,t)$$
$$= \varepsilon_0\mu_0 A\omega \frac{1}{k}\sin(kz-\omega t) + c_4(t)$$
$$= \varepsilon_0\mu_0 A\frac{\omega}{k}\sin(kz-\omega t) + c_4(t)$$

$c_4(t)$ は，z 以外を定数とみなした場合の積分**定数**である．z だけを変数とみなしているので，定数 $c_4(t)$ には定数とみなされる t を含んでいることを想定しなければならない．

それはそうと，正しく積分できたであろうか？不安なら，z で偏微分して，元に戻るかどうかを確認すればよい．戻ったかな？

さらに，(c) ii.に示した $\omega = kc$ と，おさらいの式 (16.19) を式変形した

$$\varepsilon_0\mu_0 = \frac{1}{c^2}$$

を代入すると，

$$B_y(z,t) = \frac{A}{c}\sin(kz-\omega t) + c_4(t)$$

となる．

続いて，(c)の冒頭の第2式にも，

$$E_x(z,t) = A\sin(kz-\omega t)$$

を代入すると，

$$\frac{\partial B_y(z,t)}{\partial t} = -\frac{\partial E_x(z,t)}{\partial z}$$
$$= -\frac{\partial}{\partial z}\{A\sin(kz-\omega t)\}$$
$$= -Ak\cos(kz-\omega t)$$

となる．この両辺を t で積分する．t で偏微分を行うことの逆なので，t だけを変数とみなして積分を行うと，

$$B_y(z,t)$$
$$= -Ak\frac{1}{-\omega}\sin(kz-\omega t) + c_5(z)$$
$$= A\frac{k}{\omega}\sin(kz-\omega t) + c_5(z)$$

$c_5(z)$ は，t 以外を定数とみなす場合の積分**定数**である．t だけを変数とみなしているので，定数 $c_4(z)$ には定数とみなされる z を含んでいることを想定しなければならない．これも正しく積分できただろうか？t で偏微分して元に戻れば，正しく積分できている．

さて，(c) ii.に示した $\omega = kc$ を代入すると，

$$B_y(z,t) = \frac{A}{c}\sin(kz-\omega t) + c_5(z)$$

が求まる．これと，前半で求めた

$$B_y(z,t) = \frac{A}{c}\sin(kz-\omega t) + c_4(t)$$

を見比べると，

$$c_4(t) = c_5(z)$$

でなければならない．全ての t,z の組み合わせに対して，これが成り立つには，

$$c_4(t) = c_5(z) = c_6$$

でなければならない．c_6 は純粋な定数である．従って，

$$B_y(z,t) = \frac{A}{c}\sin(kz-\omega t) + c_6$$

となる．

これも，電磁波なので静磁場に対応する定数部分として $c_6 = 0$ を選んでおけばよい．

iv. これまでに得られた電場と磁場についてまとめると,

$$\begin{cases} E_x(z,t) = A \sin(kz - \omega t) \\ E_y(z,t) = 0 \\ E_z(z,t) = 0 \end{cases}$$

$$\begin{cases} B_x(z,t) = 0 \\ B_y(z,t) = \dfrac{A}{c} \sin(kz - \omega t) \\ B_z(z,t) = 0 \end{cases}$$

となる. これらの式は, z 軸の正の向きに平面波として進み, かつ電場が x 方向に直線偏光した電磁波の解の一例 (特殊解) である.

まず, $t = 0$ のときの電場 $E_x(z,t)$ を $x - z$ 平面に図示すると, 次のような正弦波になる.

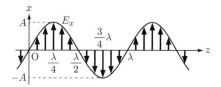

この sin 波は z の正の向きに光速 c で進む (伝わる).

次に, 磁場 $B_y(z,t)$ を $y - z$ 平面に図示すると, 次のような正弦波になる.

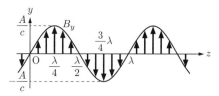

この正弦波も z の正の向きに光速 c で進む (伝わる).

これらを 3 次元的に描くと, 例えば次のような図になる.

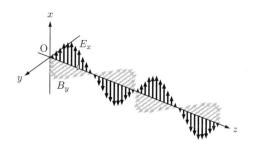

電場と磁場は直交して z 軸の正の向きに光速 c で進む (伝わる).

第 16 章 おしまい $\cdots$ お疲れ様でした.

索　引

■ 英数 ■

div	26, 27, 109, 140
grad	33, 140
rot	91, 110, 140

■ あ ■

アンペア (単位)	65
アンペールの力	101
アンペールの法則	92, 132
位置エネルギー	34
一様	23
一定	23
インダクタンス	123
ウェーバー (単位)	81, 85, 109
渦無しの法則	34
LC 共振回路	124
円電流	82
オーム (単位)	65
オームの法則	65, 66

■ か ■

外積	80
回路の方程式	73
ガウス (単位)	81, 85
ガウスの定理	27, 109
ガウスの法則	27, 42, 109
角振動数	139
起電力	73
球面座標 (球座標)	22, 37
境界条件 (磁場)	133
境界条件 (電場)	55
強磁性体	131
極座標	19, 22
キルヒホッフの第 1 法則	71
キルヒホッフの第 2 法則	73
クーロン (単位)	2, 42
クーロン力	2, 9
グラディエント	140
合成抵抗	65

合成容量	43, 46
光速	139
弧の長さ	20

■ さ ■

磁化	131
磁界	81
磁化電流	132
磁化ベクトル	131
磁化率	131
自己インダクタンス	123
自己誘導	123
磁性体	131
磁束	109, 110, 111, 123
磁束密度	81, 92, 101, 109, 111
時定数	74
磁場	81, 131
重積分	23, 118
ジュール (単位)	42
常磁性体	131
真空の透磁率	81, 82
真空の誘電率	1, 4
真電荷	54, 141
振動数	139
ストークスの定理	34, 92, 132
静電位	34
静電エネルギー	42
静電ポテンシャル	34
絶縁体	54
線積分	92, 110, 132
線素	18
線素ベクトル	81, 92, 110, 132
線密度	18, 20
素電荷	5
ソレノイドコイル	82, 124, 133

■ た ■

体積素片	18, 21
体積分	27
帯電エネルギー	42
ダイバージェンス	27, 109, 140
地磁気	102
直線電流	82
直列接続 (コンデンサ)	46
直列接続 (抵抗)	65
抵抗率	65
定常電流	66
テスラ (単位)	81, 85, 109
電圧降下	72, 123
電位	42
電荷	1, 2, 9, 17, 42, 66, 72, 111
電界	9
電荷密度	18, 27
電気感受率	54
電気素量	5
電気伝導率	66
電気容量	42
電気量	1, 42, 66
電気力	2
電磁波	141
電磁誘導	109, 123
電束電流	140
電束密度	54
伝導電流	132, 141
電場	9, 17, 27, 42
電流	66, 71, 72, 81, 101, 123
電流密度	66, 91
電流密度ベクトル	91
動径	19
透磁率	131, 140
導体	42, 49, 77
等電位	77

トーラス状 94	分極 54	右ネジ 80, 83, 92, 110, 132
閉じた経路 34	分極電荷 54	面積素片 18
	分極ベクトル 54	面積分 27, 92, 109, 110, 132
■ な ■	閉曲線 92, 109	面密度 18
名無しの法則 34	閉曲面 109	
ナブラ 26, 33	平行電流 102	■ や ■
ニクロム線 68	並列接続 (コンデンサ) 46	ヤコビ行列 23
	並列接続 (抵抗) 65	誘電体 54
■ は ■	ベクトル積 80	誘電分極 54
波数 139	変位電流 140	誘電率 54, 140
波長 139	偏微分 37	誘導起電力 109, 123
発散 26, 109, 140	ヘンリー (単位) 123	誘導電場 109, 111
波動方程式 141	法線ベクトル	
反磁性体 131	27, 66, 92, 109, 110, 132	■ ら ■
反平行 29	ボルト (単位) 42, 65, 78	ラプラシアン 140
ビオ・サバールの法則 81		ローテーション 110, 140
比透磁率 131	■ ま ■	ローレンツ力 101, 111
比誘電率 54	マクスウェル方程式	ローレンツ力による誘導起電力
ファラッド (単位) 42	27, 34, 92, 109, 140	111
ファラデーの法則 110, 123		

電磁気学演習
でんじきがくえんしゅう

2018 年 3 月 31 日　第 1 版　第 1 刷　発行
2019 年 3 月 20 日　第 2 版　第 1 刷　発行
2019 年 3 月 30 日　第 2 版　第 1 刷　発行

著　者　　田村忠久
発行者　　発田和子
発行所　　株式会社　学術図書出版社

〒113-0033　東京都文京区本郷 5 丁目 4 の 6
TEL 03-3811-0889　振替 00110-4-28454
三和印刷 (株)

定価は表紙に表示してあります.

本書の一部または全部を無断で複写 (コピー)・複製・転載することは，著作権法でみとめられた場合を除き，著作者および出版社の権利の侵害となります．あらかじめ，小社に許諾を求めて下さい．

© 2018, 2019　T. TAMURA
Printed in Japan
ISBN978-4-7806-0753-6　C3042